BX touch'
FACTURE
DENFEVRE & PERNA

Tuning Maniacs 4

SCÉNARIO
PAT PERNA
DESSIN
JENFEVRE
COULEURS
PIERRE SCHELLE

VENTS D'OUEST

À Mickey pour sa confiance communicative, ses précieux égards et son infinie "délicatesse".
À Henri pour son soutien, sa générosité et son incommensurable talent.
À Hervé Pinçon pour son aide et sa réconfortante amitié.

Pat

Pour le "prêt" de leurs autos merci à Fabrice "Drifter X" et sa S14,
à Nicolas "Cossie 78" et sa Cosworth et à Estéban "Baban"
et sa R33 qui m'a baptisé au parfum de pneus.

Henri

31-33, rue Ernest-Renan
92130 Issy-Les-Moulineaux
www.ventsdouest.com

ISBN : 978-2-7493-0425-0
Dépôt légal : février 2008
Achevé d'imprimer en France en février 2008 par Pollina - L46251.

Mad Cow Mad Cow
TIC TAC TIC TAC
HÉÉÉ!... BEN IL EST PAS GÊNÉ, CUILÀ!!
IL VA VOIR DE QUEL BOIS J'ME MÊLE!! FERME LES YEUX, HERCULE...
adidas
BEN TONTON RÉGIS, POURQUOI TU METS TON PYJAMA?
HAN! SALETÉ DE COLLANT EN LYCRA!...
PARKER
ATTENDS-MOI LÀ, PETIT...
ET ADMIRE LE BRAS DE LA JUSTICE HEU... VENGERESSE S'ABATTRE... EN TOMBANT SUR LES MÉCHANTS MÉCRÉANTS...
TIENS, PRENDS ÇA DANS LES CRANS, MÉCRÉDENT!!
HEU... DANS LES DENTS, MÉCRÉANT...
PSHHH
PSHHH
TONTON RÉGIS ??!
EH OUI, HERCULE, TU AS PERCÉ MON TERRIBLE SECRET!
Bx-touch'
AH? MAIS JE SAVAIS DÉJÀ POUR TON PROBLÈME DE SUDATION PLANTAIRE!
NAON... PAS CE SECRET-LÀ!!
ALLONS NOUS ASSEOIR... PUISQUE TU M'AS DÉBUSQUÉ, JE VAIS TE RACONTER COMMENT JE SUIS DEVENU UN SUPER HÉROS!
DÉMASQUÉ...
ET T'AS OUBLIÉ D'ENLEVER TES SUPER-BOTTES...

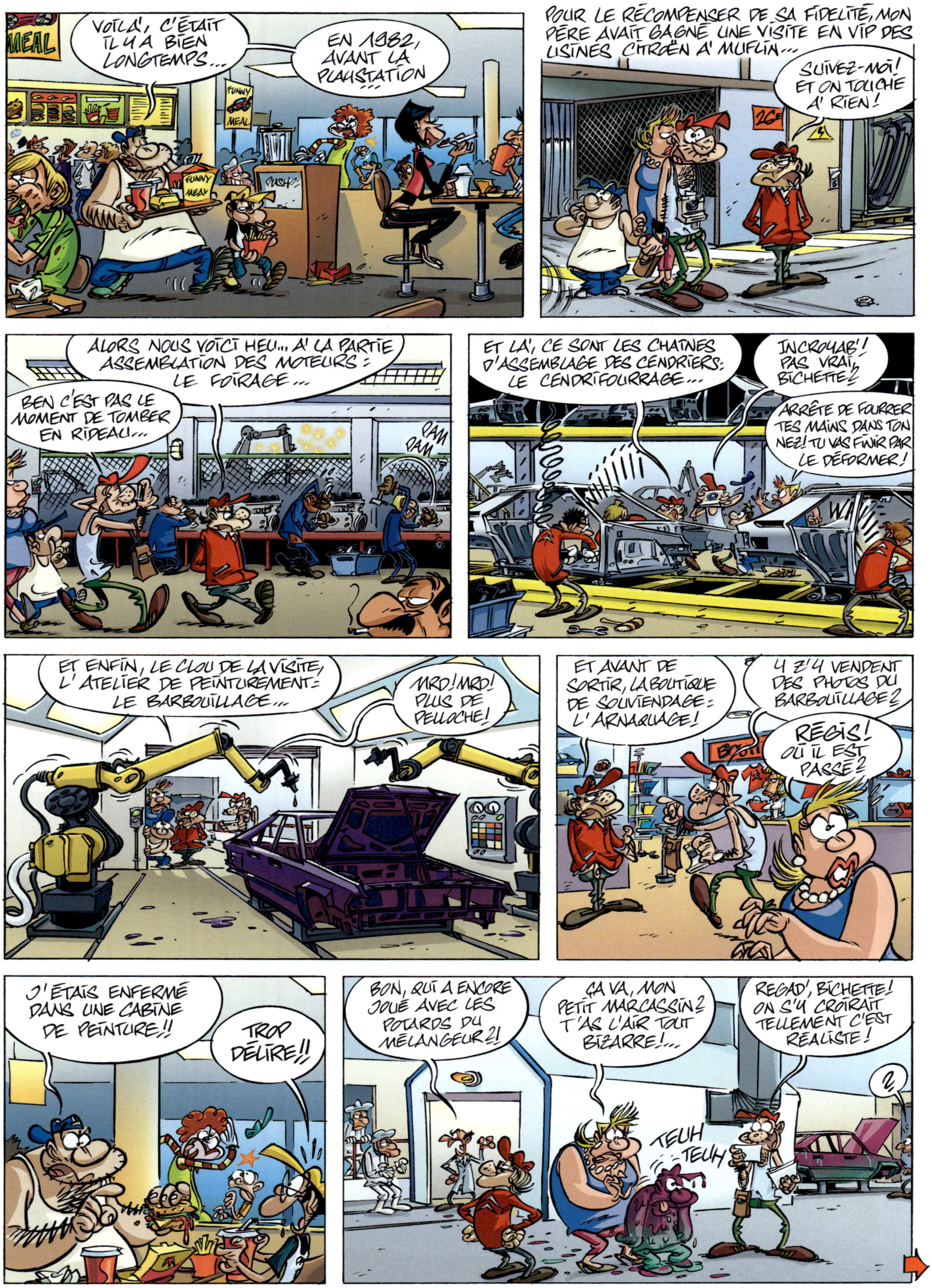
MEAL
VOILÀ, C'ÉTAIT IL Y A BIEN LONGTEMPS...
EN 1982, AVANT LA PLAYSTATION ...
FUNNY MEAL
FUNNY MEAL
PUSH
POUR LE RÉCOMPENSER DE SA FIDÉLITÉ, MON PÈRE AVAIT GAGNÉ UNE VISITE EN VIP DES USINES CITROËN À MUFLIN...
SUIVEZ-MOI! ET ON TOUCHE À RIEN!
ALORS NOUS VOICI HEU... À LA PARTIE ASSEMBLATION DES MOTEURS : LE FOIRAGE...
BEN C'EST PAS LE MOMENT DE TOMBER EN RIDEAU...
PAM PAM
ET LÀ, CE SONT LES CHAÎNES D'ASSEMBLAGE DES CENDRIERS : LE CENDRIFOURRAGE...
INCROYAB'! PAS VRAI, BICHETTE ?
ARRÊTE DE FOURRER TES MAINS DANS TON NEZ! TU VAS FINIR PAR LE DÉFORMER!
ET ENFIN, LE CLOU DE LA VISITE, L'ATELIER DE PEINTUREMENT : LE BARBOUILLAGE...
MRD! MRD! PLUS DE PELLOCHE!
ET AVANT DE SORTIR, LA BOUTIQUE DE SOUVIENDAGE : L'ARNAQUAGE!
Y Z'Y VENDENT DES PHOTOS DU BARBOUILLAGE ?
RÉGIS! OÙ IL EST PASSÉ ?
J'ÉTAIS ENFERMÉ DANS UNE CABINE DE PEINTURE!!
TROP DÉLIRE!!
BON, QUI A ENCORE JOUÉ AVEC LES POTARDS DU MÉLANGEUR ?!
ÇA VA, MON PETIT MARCASSIN ? T'AS L'AIR TOUT BIZARRE!...
TEUH TEUH
REGAD', BICHETTE! ON S'Y CROIRAIT TELLEMENT C'EST RÉALISTE!
?

TRÈS RAPIDEMENT JE ME SUIS APERÇU QU'UNE MUTATION S'OPÉRAIT : MON CORPS CHANGEAIT...
BX SPORT: LA PLUS SAUVAGE!
Mutant.
MAIS... ON DIRAIT BIEN QUE J'AI ENFIN UN ABDOMINAL!! À MOINS QUE CE SOIT UN NOUVEAU BOURRELET...
TOUS MES SENS ÉTAIENT PLUS DÉVELOPPÉS...
USINE de MUFLIN
SNIF SNIF
LA VACHE! QU'EST-CE QUI SENT COMME ÇA ?...
8:15
J'ÉTAIS DEVENU VIF COMME LE THON...
Mad Cow
ADROIT COMME UNE BX GTI...
UNE GTI !! J'AURAIS DÛ M'EN DOUTER EN VOYANT LA PRÉCISION DU COUP DE VOLANT !...
FORT COMME UN SANDWICH TURC...
Chez Hamibe
L'EMPEREUR du KEBAB
DONER À TOUTE HEURE
AHMET
TAB
ET C'EST AINSI QUE JE SUIS DEVENU...
SUPER RÉGIS !!
LE VENGEUR MASQUÉ ! LE DÉFENSEUR DE LA VOITURE NEUVE ET DU MOTEUR COMPRIMÉ !...
RÉSERVÉ
ON NE PARLAIT PLUS QUE DE MOI EN VILLE...
•3 millions au Loto : il aurait pu gagner s'il avait joué... Un témoignage poignant en page 4.
Météo du jour 22°
LA GAZETTE DE CHOISY
Un crétin masqué agresse les automobilistes.
L'enquête de Jean-Pierre Pernat
Un costume ridicule, des motivations floues : le Vengeur Masqué nous les brise !
C'est vêtu d'un survêtement probablement acheté chez soldeur et d'une paire de ttes en caoutchouc que ividu arpente les rues notre paisible cité pour se livrer à ses pitreries. Armé d'une bombe de peinture, il s'en prend sans distinction aux radars mais également aux condu

DEPUIS, MA VIE EST UNE AFFICHE DE FILM...

CÔTÉ PILE, JE SUIS RÉGIS...
ET CÔTÉ VERSO...
JE POURCHASSE LES DÉLINQUANTS DE LA ROUTE...
TÛÛÛÛT
LES DANGEREUX IMPRUDENTS...
LES IVROGNES...
POLICE
ET SINON C'EST QUOI TES SUPERPOUVOIRS ?
HA... HEU... BEN... HEU... J'AI LE SUPERLANGAGE DE PEINTURE...
TROP NAZE ...
SINON QUOI ?... AH OUI : LE REPEIGNAGE CIRCULAIRE D'UNE SEULE MAIN ! C'EST VACHTE DIFFICILE À FAIRE !
PSSHH
TOUT POURRI... C'EST MÊME PAS UN SUPER-POUVOIR...
AH SI ! J'AI AUSSI LE COUP DE PIED QUI TUE !! REGARDE...
TSAYAAAA
FLOUP
WAOOOO ! ÇA ÇA TUE !!
HEU OUAIS... ÇA PUE TOUT CE QUI BOUGE ALLEZ, ON S'EN VA...

MAINTENANT, JE VAIS TE MONTRER LES SUPERPOUVOIRS DE MA RÉGISMOBILE !...
SANS DÉC' ?!
ALORS LÀ, TU VOIS, J'ENCLENCHE CE BOUTON SPÉCIAL ET...
PARKER
CLIC
QUAND MON CORPS SUR TON CORPS LOURD COMME UN CHEVAL MORT NE SAIT PAS NE SAIT PLUS S'IL EXIIISTE ENCORE
RAAAAAA QUE JE T'AIMEUUUUU
QUOI ? T'AIMES PAS JOHNNY ? BON OK, C'EST PAS FINI... ATTENTION, JE TOURNE LA CLEF ET...
TCH TCH REUUUOOOOOOM
ÉCRAN DE FUMÉE...
ET SI J'ABAISSE CETTE MANETTE EN DISANT : " BX... HEU... ENVOLAGE ! "
CLAC
LA VACHE ! ÇA MARCHE, TONTON RÉGIS ! ON DÉCOLLE !!
PARKER
HÉ OUAIS... QU'EST-CE QUE TU CROIS... ELLE M'OBÉIT AU DOIGT DANS L'ŒIL !...
BON, BX ATTERRISSAGE ! ...
HEU... DESCENDAGE ! ...
POSE-TOI !...
BON, ALORS HEU... BX RENTRAGE À LA MAISON ...
DÉPANNAGE
JENFÈVRE & PERNA

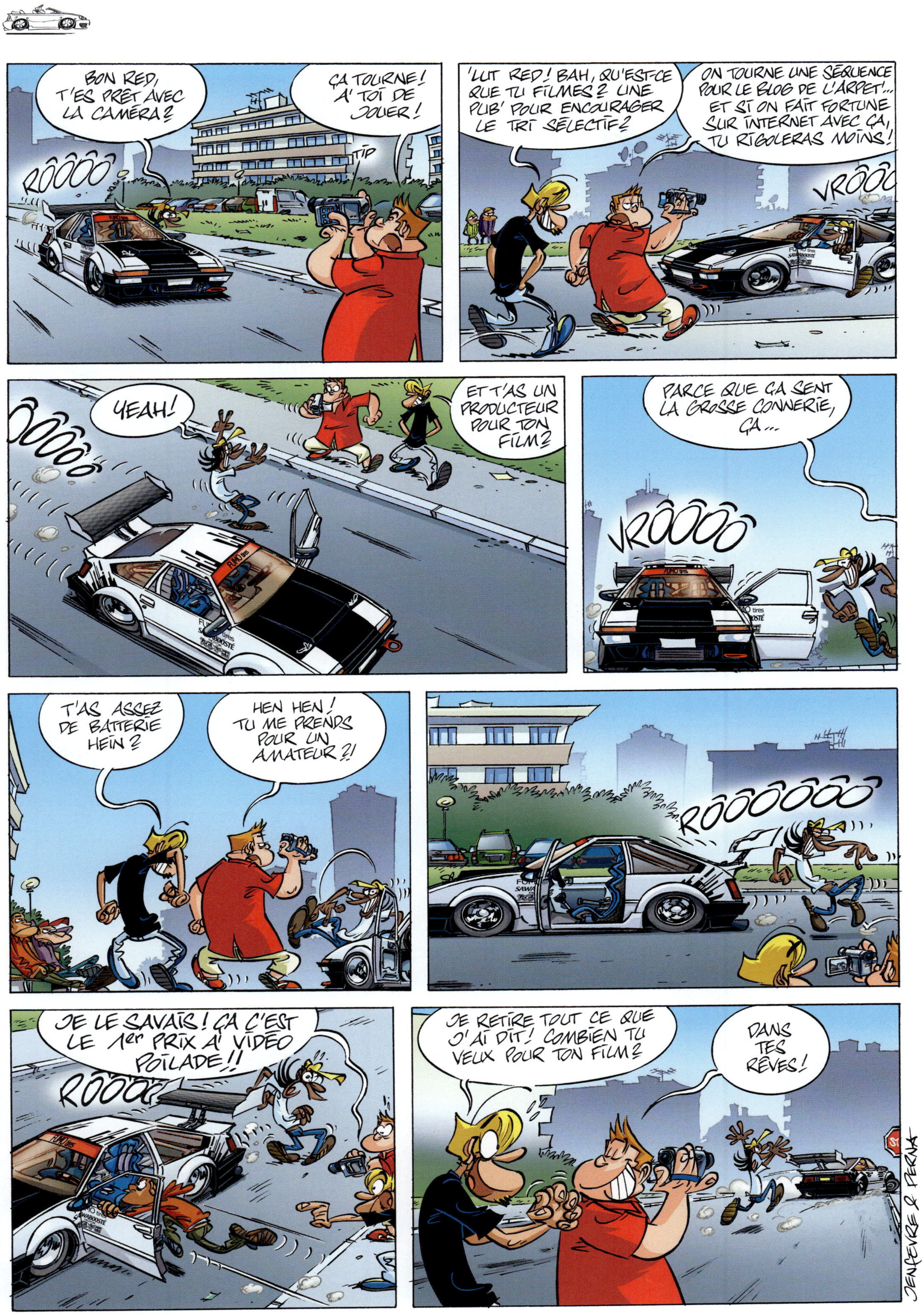
BON RED, T'ES PRÊT AVEC LA CAMÉRA ?
ÇA TOURNE ! À TOI DE JOUER !
RÔÔÔÔ
TIP
'LUT RED ! BAH, QU'EST-CE QUE TU FILMES ? UNE PUB' POUR ENCOURAGER LE TRI SÉLECTIF ?
ON TOURNE UNE SÉQUENCE POUR LE BLOG DE L'ARPET !... ET SI ON FAIT FORTUNE SUR INTERNET AVEC ÇA, TU RIGOLERAS MOINS !
VRÔÔÔ
YEAH !
ÔÔÔÔÔ
ET T'AS UN PRODUCTEUR POUR TON FILM ?
PARCE QUE ÇA SENT LA GROSSE CONNERIE, ÇA...
VRÔÔÔÔ
T'AS ASSEZ DE BATTERIE HEIN ?
HEN HEN ! TU ME PRENDS POUR UN AMATEUR ?!
RÔÔÔÔÔÔÔ
JE LE SAVAIS ! ÇA C'EST LE 1er PRIX À VIDÉO POILADE !!
RÔÔÔ
JE RETIRE TOUT CE QUE J'AI DIT ! COMBIEN TU VEUX POUR TON FILM ?
DANS TES RÊVES !
JENFÈVRE & PERNA

SAWABOOSTÉ
MOTOR
SCALZONE
DEAD TYMPAN
PATATOR
SCHLIKA!
JENFEVRE & PERNA

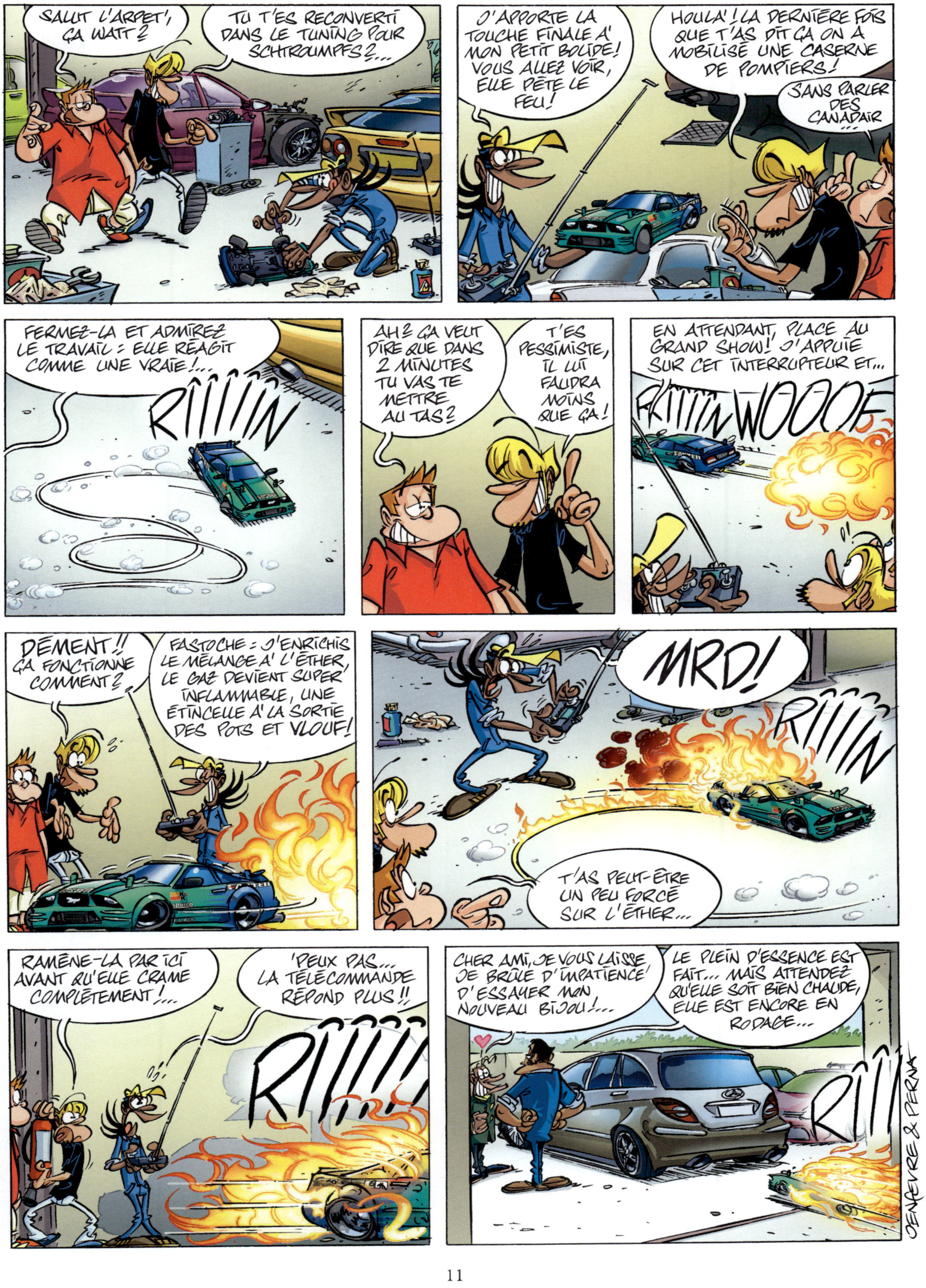

SALUT L'ARPET', ÇA WATT ?
TU T'ES RECONVERTI DANS LE TUNING POUR SCHTROUMPFS ?...
J'APPORTE LA TOUCHE FINALE À MON PETIT BOLIDE ! VOUS ALLEZ VOIR, ELLE PÈTE LE FEU !
HOULÀ ! LA DERNIÈRE FOIS QUE T'AS DIT ÇA ON A MOBILISÉ UNE CASERNE DE POMPIERS !
SANS PARLER DES CANADAIR...
FERMEZ-LA ET ADMIREZ LE TRAVAIL : ELLE RÉAGIT COMME UNE VRAIE !...
RÎÎÎÎN
AH ? ÇA VEUT DIRE QUE DANS 2 MINUTES TU VAS TE METTRE AU TAS ?
T'ES PESSIMISTE, IL LUI FAUDRA MOINS QUE ÇA !
EN ATTENDANT, PLACE AU GRAND SHOW ! J'APPUIE SUR CET INTERRUPTEUR ET...
RÎÎÎÎN WOOOF
DÉMENT !! ÇA FONCTIONNE COMMENT ?
FASTOCHE : J'ENRICHIS LE MÉLANGE À L'ÉTHER, LE GAZ DEVIENT SUPER INFLAMMABLE, UNE ÉTINCELLE À LA SORTIE DES POTS ET VLOUF !
MRD !
RÎÎÎN
T'AS PEUT-ÊTRE UN PEU FORCÉ SUR L'ÉTHER...
RAMÈNE-LA PAR ICI AVANT QU'ELLE CRAME COMPLÈTEMENT !...
'PEUX PAS... LA TÉLÉCOMMANDE RÉPOND PLUS !!
RÎÎÎÎ
CHER AMI, JE VOUS LAISSE, JE BRÛLE D'IMPATIENCE D'ESSAYER MON NOUVEAU BIJOU !...
LE PLEIN D'ESSENCE EST FAIT... MAIS ATTENDEZ QU'ELLE SOIT BIEN CHAUDE, ELLE EST ENCORE EN RODAGE...
RÎÎ
JENFÈVRE & PERNA

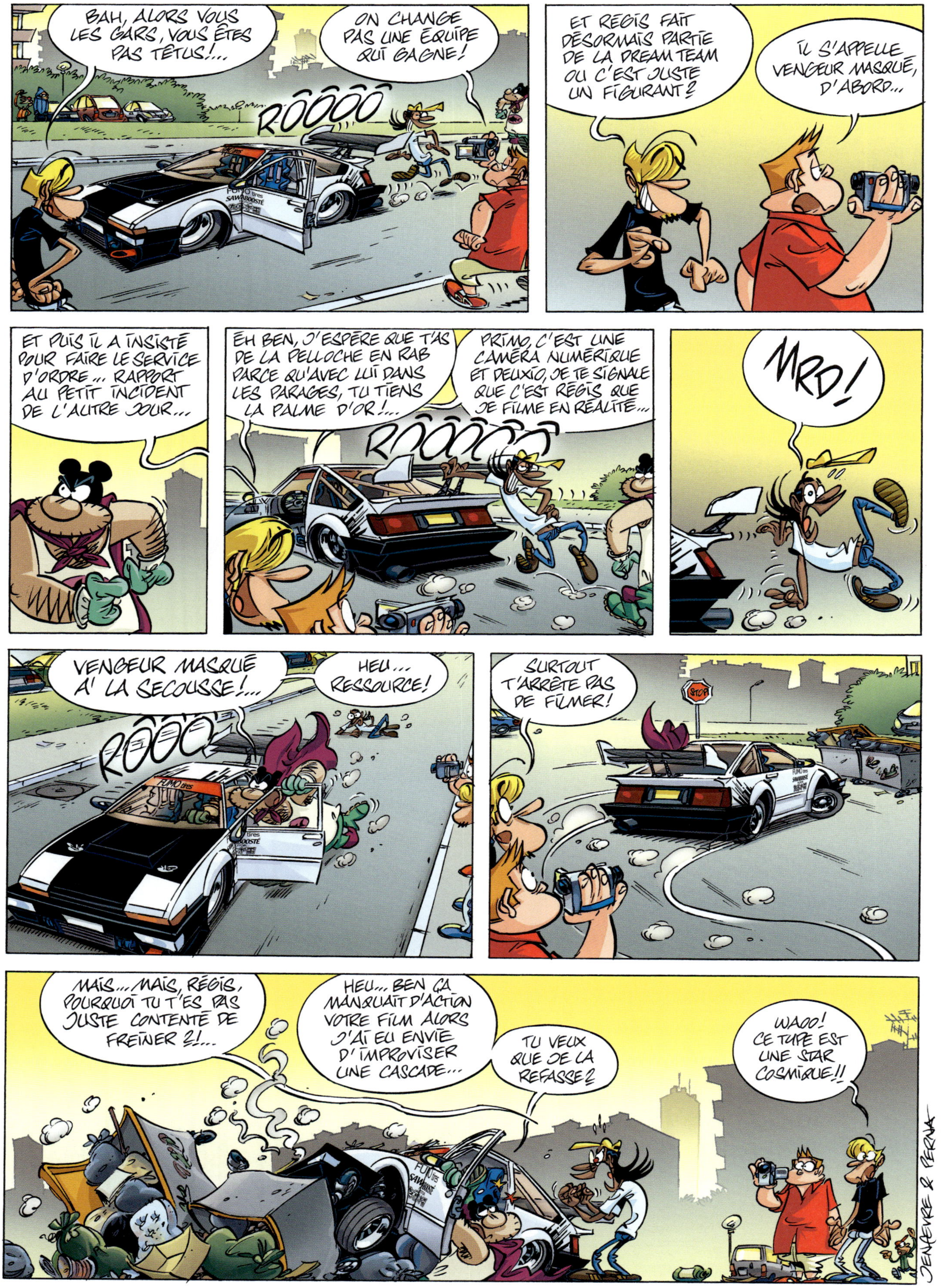
BAH, ALORS VOUS LES GARS, VOUS ÊTES PAS TÊTUS !...
ON CHANGE PAS UNE ÉQUIPE QUI GAGNE !
RÔÔÔÔ
FUMO tires
SAWABOOSTÉ
ET RÉGIS FAIT DÉSORMAIS PARTIE DE LA DREAM TEAM OU C'EST JUSTE UN FIGURANT ?
IL S'APPELLE VENGEUR MASQUÉ, D'ABORD...
ET PUIS IL A INSISTÉ POUR FAIRE LE SERVICE D'ORDRE... RAPPORT AU PETIT INCIDENT DE L'AUTRE JOUR...
EH BEN, J'ESPÈRE QUE T'AS DE LA PELLOCHE EN RAB PARCE QU'AVEC LUI DANS LES PARAGES, TU TIENS LA PALME D'OR !...
PRIMO, C'EST UNE CAMÉRA NUMÉRIQUE ET DEUXIO, JE TE SIGNALE QUE C'EST RÉGIS QUE JE FILME EN RÉALITÉ...
RÔÔÔÔÔ
MRD !
VENGEUR MASQUÉ A' LA SECOUSSE !...
HEU... RESSOURCE !
RÔÔÔ
FUMO tires
SAWABOOSTÉ
SURTOUT T'ARRÊTE PAS DE FILMER !
STOP
MAIS... MAIS, RÉGIS, POURQUOI TU T'ES PAS JUSTE CONTENTÉ DE FREINER ?!...
HEU... BEN ÇA MANQUAIT D'ACTION VOTRE FILM ALORS J'AI EU ENVIE D'IMPROVISER UNE CASCADE...
TU VEUX QUE JE LA REFASSE ?
WAOO ! CE TYPE EST UNE STAR COSMIQUE !!
JENFÈVRE & BERNA

AVANT D'ASSURER VOTRE NOUVEAU VÉHICULE, MONSIEUR DUQUESNOAILLE, J'AIMERAIS QUE NOUS FASSIONS UN POINT SUR VOTRE DOSSIER...
JE CONSTATE QUE VOUS AVEZ EU DE NOMBREUX ACCIDENTS : VOTRE VÉHICULE A ÉTÉ ÉCRASÉ À MAINTES REPRISES...
SI JE NE M'ABUSE, IL A MÊME ÉTÉ BRÛLÉ...
RAVAGÉ PAR UNE PLAQUE D'ÉGOUT VOLANTE...
MITRAILLÉ PAR UN INCONNU...
DÉFONCÉ PAR UNE MOTO TOMBÉE DU CIEL...
SECTIONNÉ PAR UN FEU TRICOLORE...
ENCORNÉ PAR UNE VACHETTE...
AGRESSÉ PAR UN VÉLO SAUVAGE...
ET, COMBLE DE L'IRONIE, EMBOUTI 2 FOIS PAR VOTRE FILS...
HEU... À CE PROPOS, J'AIMERAIS VOUS REVOIR CONCERNANT SON PROPRE CONTRAT...
50% DE BONUS VOUS EN RÊVIEZ ? CONTINUEZ !
ENFIN IL A ÉTÉ LAMINÉ...
VENTILÉ...
PULVÉRISÉ...
CRASHÉ...
ET N'AYONS PAS PEUR DES MOTS : ÉPARPILLÉ FAÇON PUZZLE !
EN CONSÉQUENCE DE QUOI JE ME DOIS DE VOUS ANNONCER...
QUE VOTRE BONUS EST TOUJOURS À SON MAXIMUM !
ASSURANCES DUQUESNOAILLE
"ÇA PRESSURE MAIS ÇA ASSURE."
FÉLICITATIONS, PRÉSIDENT !
CLAP CLAP
JENFÈVRE & PERNA

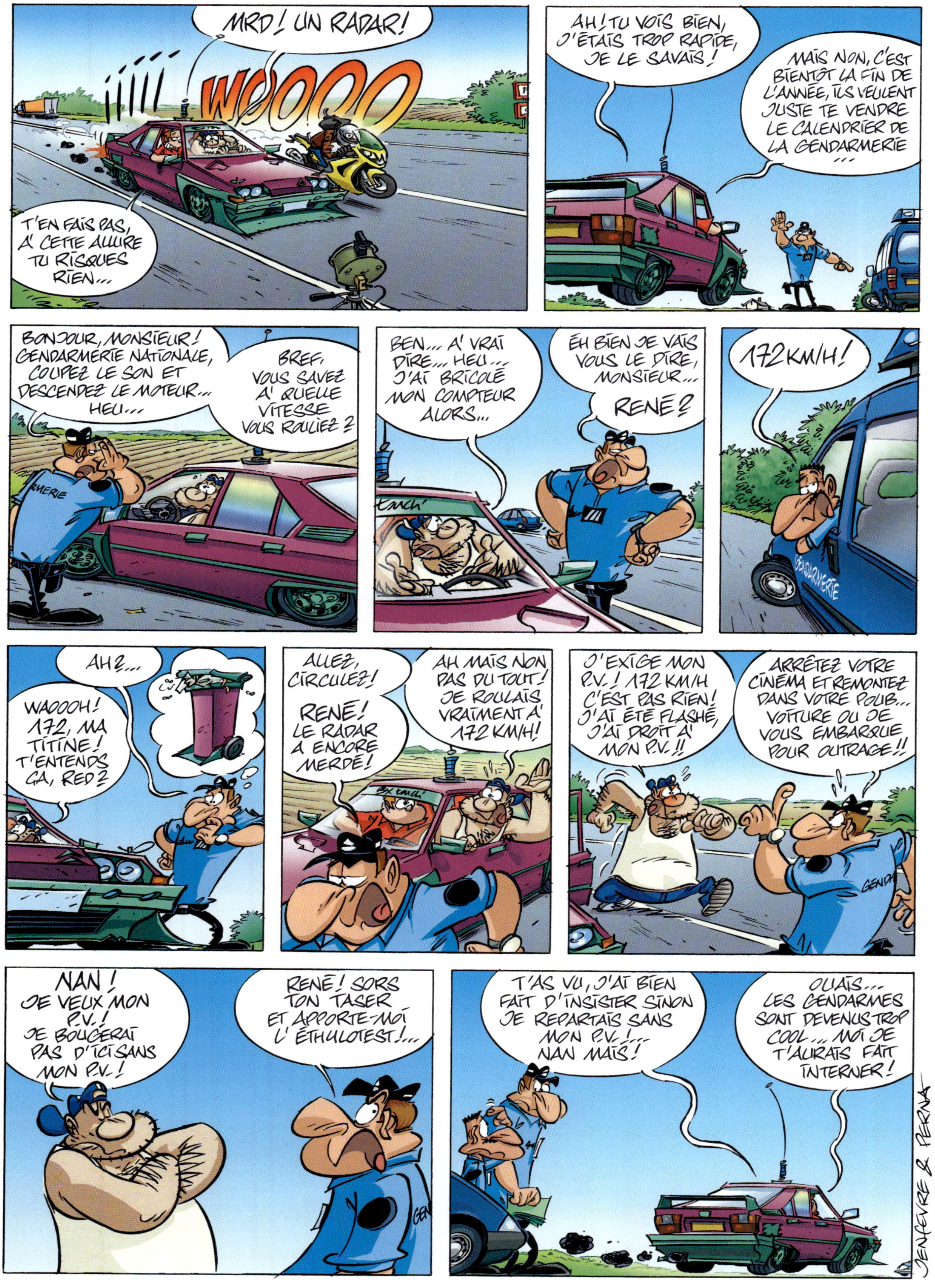
MRD! UN RADAR!
WOOOO
T'EN FAIS PAS, A' CETTE ALLURE TU RISQUES RIEN...
AH! TU VOIS BIEN, J'ÉTAIS TROP RAPIDE, JE LE SAVAIS!
MAIS NON, C'EST BIENTÔT LA FIN DE L'ANNÉE, ILS VEULENT JUSTE TE VENDRE LE CALENDRIER DE LA GENDARMERIE...
BONJOUR, MONSIEUR! GENDARMERIE NATIONALE, COUPEZ LE SON ET DESCENDEZ LE MOTEUR... HEU...
BREF, VOUS SAVEZ A' QUELLE VITESSE VOUS ROULIEZ?
BEN... A' VRAI DIRE... HEU... J'AI BRICOLÉ MON COMPTEUR ALORS...
EH BIEN JE VAIS VOUS LE DIRE, MONSIEUR...
RENÉ?
172 KM/H!
GENDARMERIE
AH?...
WAOOOH! 172, MA TITINE! T'ENTENDS ÇA, RED?
ALLEZ, CIRCULEZ!
RENÉ! LE RADAR A ENCORE MERDÉ!
AH MAIS NON PAS DU TOUT! JE ROULAIS VRAIMENT A' 172 KM/H!
J'EXIGE MON P.V.! 172 KM/H C'EST PAS RIEN! J'AI ÉTÉ FLASHÉ, J'AI DROIT A' MON P.V.!!
ARRÊTEZ VOTRE CINÉMA ET REMONTEZ DANS VOTRE POUB... VOITURE OU JE VOUS EMBARQUE POUR OUTRAGE!!
NAN! JE VEUX MON P.V.! JE BOUGERAI PAS D'ICI SANS MON P.V.!
RENÉ! SORS TON TASER ET APPORTE-MOI L'ÉTHYLOTEST!...
T'AS VU, J'AI BIEN FAIT D'INSISTER SINON JE REPARTAIS SANS MON P.V.!... NAN MAIS!
OUAIS... LES GENDARMES SONT DEVENUS TROP COOL... MOI JE T'AURAIS FAIT INTERNER!
JENFÈVRE & PERNA

VAN SCHUFF
ET ALLEZ DONC ! ENCORE UN DÉLINQUANT DE LA ROUTE IN VIVO !!
ROOO
VOIS-TU, JEAN-PASCAL, C'EST LA RAISON POUR LAQUELLE J'AI TENU À T'OFFRIR CETTE PETITE BALADE AFIN D'ÉPROUVER TES COMPÉTENCES DE CONDUCTEUR IN SITU !
C'EST UN HONNEUR, PÈRE, DE PROFITER DE L'EXPÉRIENCE DU "VOLANT D'OR 74" !
LA ROUTE EST UNE JUNGLE OÙ PULLULENT LES PRÉDATEURS ET LEURS ENGINS DIABOLIQUES ! CROIS-MOI, LES PLUS JEUNES SONT LES PLUS DANGEREUX, IPSO FACTO !
IL FAUDRA D'AILLEURS QUE NOUS PARLIONS DE TON ASSURANCE IN EXTENSO !
JÉSUS-MARIE-MADELEINE DES ÉVANGILES ! UN RADAR !!
?
MAIS PÈRE, C'ÉTAIT INUTILE, NOUS ROULIONS DÉJÀ LARGEMENT EN DESSOUS DE LA VITESSE AUTORISÉE !...
CES ENGINS NE SONT PAS PLACÉS AU HASARD, FIGURE-TOI ! IN FINE, NOUS AVONS PEUT-ÊTRE ÉCHAPPÉ DE JUSTESSE À L'ACCIDENT !!
ON N'EST JAMAIS TROP PRUDENT !
HEU... VADE RETRO ?...
JENFÈVRE & PERNA

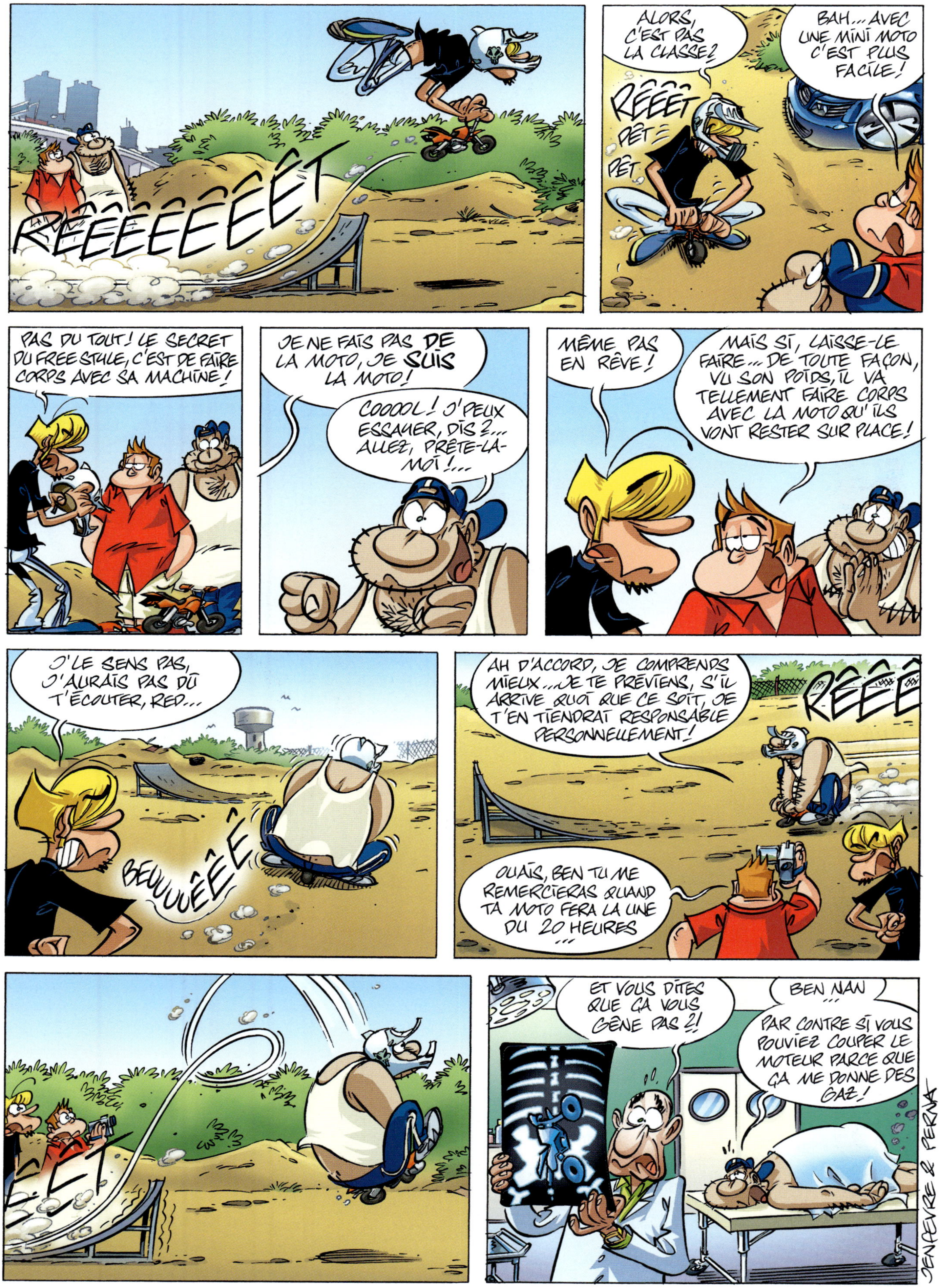
RÊÊÊÊÊÊÊÊÊT
ALORS, C'EST PAS LA CLASSE ?
RÊÊÊT
PÊT PÊT
BAH... AVEC UNE MINI MOTO C'EST PLUS FACILE !
PAS DU TOUT ! LE SECRET DU FREESTYLE, C'EST DE FAIRE CORPS AVEC SA MACHINE !
JE NE FAIS PAS DE LA MOTO, JE SUIS LA MOTO !
COOOOL ! J'PEUX ESSAYER, DIS ?... ALLEZ, PRÊTE-LA-MOI !...
MÊME PAS EN RÊVE !
MAIS SI, LAISSE-LE FAIRE... DE TOUTE FAÇON, VU SON POIDS, IL VA TELLEMENT FAIRE CORPS AVEC LA MOTO QU'ILS VONT RESTER SUR PLACE !
J'LE SENS PAS, J'AURAIS PAS DÛ T'ÉCOUTER, RED...
BEUUUÊÊÊ
AH D'ACCORD, JE COMPRENDS MIEUX... JE TE PRÉVIENS, S'IL ARRIVE QUOI QUE CE SOIT, JE T'EN TIENDRAI RESPONSABLE PERSONNELLEMENT !
RÊÊÊ
OUAIS, BEN TU ME REMERCIERAS QUAND TA MOTO FERA LA UNE DU 20 HEURES ...
ÊÊT
ET VOUS DITES QUE ÇA VOUS GÊNE PAS ?!
BEN NAN ...
PAR CONTRE SI VOUS POUVIEZ COUPER LE MOTEUR PARCE QUE ÇA ME DONNE DES GAZ !
JENFÈVRE & PERNA

COMMENT ÇA, TU VIENS PLUS EN ESPAGNE AVEC NOUS ?...
BEN NON...
PÈRE ME CONFIE LA BONNE MARCHE DU CABINET D'ASSURANCES PENDANT SES CONGÉS AVEC MA MÈRE !
TU VAS DEVOIR BOSSER ICI TOUT L'ÉTÉ ?
POUR SOIGNER TON BRONZAGE T'AURAIS PU TROUVER MIEUX...
EN FAIT, PÈRE SOUHAITE AINSI ME FORMER POUR M'ASSOCIER AVEC LUI ET ME TRANSMETTRE UN JOUR SA SOCIÉTÉ...
RÔÔÔ, C'EST PAS DE CHANCE !
TIENS, BEN TU SAIS QUOI ? ON VA TE FILER UN COUP DE MAIN POUR TES DÉBUTS DANS LES AFFAIRES !
VOUS SOUHAITEZ VENDRE DES PRODUITS D'ASSURANCE ?
PAS TOUT-À-FAIT... ON VA ASSURER NOS AUTOS CHEZ TOI ! HEIN, ROD ?
OUAIS !
ET VOILÀ ! TA PREMIÈRE AFFAIRE EN 5 MINUTES ! C'EST PAS LA CLASSE
C'EST VRAIMENT CHOUETTE DE VOTRE PART...
TÛLILÛT
EXCUSEZ-MOI...
BONJOUR PÈRE... OUI, TOUT SE PASSE À MERVEILLE... JE VIENS DE PLACER 2 CONTRATS "FULL OPTION" ! ET DEVINEZ QUI SONT CES NOUVEAUX CLIENTS...
VOUS AURIEZ PU ME DIRE QUE PÈRE AVAIT RÉSILIÉ VOS CONTRATS LA SEMAINE DERNIÈRE !!...
CLAC
DENEEVRE & PERNA

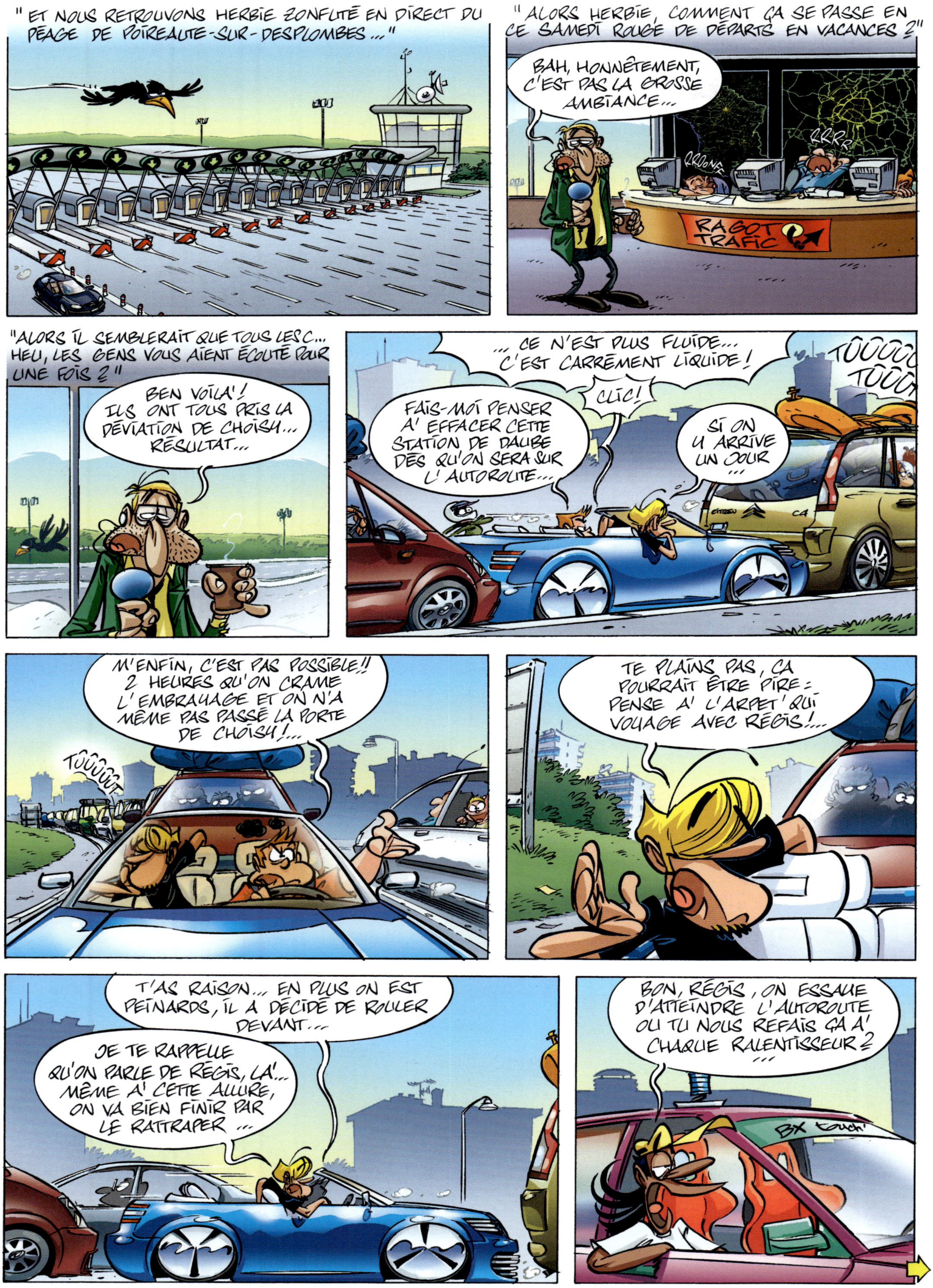
" ET NOUS RETROUVONS HERBIE ZONFLUTÉ EN DIRECT DU PÉAGE DE POIREAUTE-SUR-DESPLOMBES ... "
" ALORS HERBIE, COMMENT ÇA SE PASSE EN CE SAMEDI ROUGE DE DÉPARTS EN VACANCES ? "
BAH, HONNÊTEMENT, C'EST PAS LA GROSSE AMBIANCE...
RRRR
RAGOT TRAFIC
"ALORS IL SEMBLERAIT QUE TOUS LES C... HEU, LES GENS VOUS AIENT ÉCOUTÉ POUR UNE FOIS ? "
BEN VOILÀ ! ILS ONT TOUS PRIS LA DÉVIATION DE CHOISY... RÉSULTAT...
... CE N'EST PLUS FLUIDE... C'EST CARRÉMENT LIQUIDE !
TÛÛÛÛÛ TÛÛÛ
CLIC !
FAIS-MOI PENSER À EFFACER CETTE STATION DE DAUBE DÈS QU'ON SERA SUR L'AUTOROUTE...
SI ON Y ARRIVE UN JOUR ...
M'ENFIN, C'EST PAS POSSIBLE !! 2 HEURES QU'ON CRAME L'EMBRAYAGE ET ON N'A MÊME PAS PASSÉ LA PORTE DE CHOISY !...
TÛÛÛÛÛT
TE PLAINS PAS, ÇA POURRAIT ÊTRE PIRE : PENSE À L'ARPET QUI VOYAGE AVEC RÉGIS !...
T'AS RAISON... EN PLUS ON EST PEINARDS, IL A DÉCIDÉ DE ROULER DEVANT...
JE TE RAPPELLE QU'ON PARLE DE RÉGIS, LÀ... MÊME À CETTE ALLURE, ON VA BIEN FINIR PAR LE RATTRAPER ...
BON, RÉGIS, ON ESSAYE D'ATTEINDRE L'AUTOROUTE OU TU NOUS REFAIS ÇA À CHAQUE RALENTISSEUR ? ...
BX

TÛÛÛÛT
TÛÛÛÛÛT
TÛÛÛÛÛÛÛT
HÉ MINUTE POSTILLON ! LAISSE-MOI LE TEMPS DE REMONTER MON SPOILER SINON ÇA RISQUE DE RACLER ...
P'TAIN !... QUAND EST-CE QU'ILS VONT LES RABAISSER CES MACHINS PAS PRATIQUES !
FUMO tires
Bx tauch
JENFÈVRE & PERNA

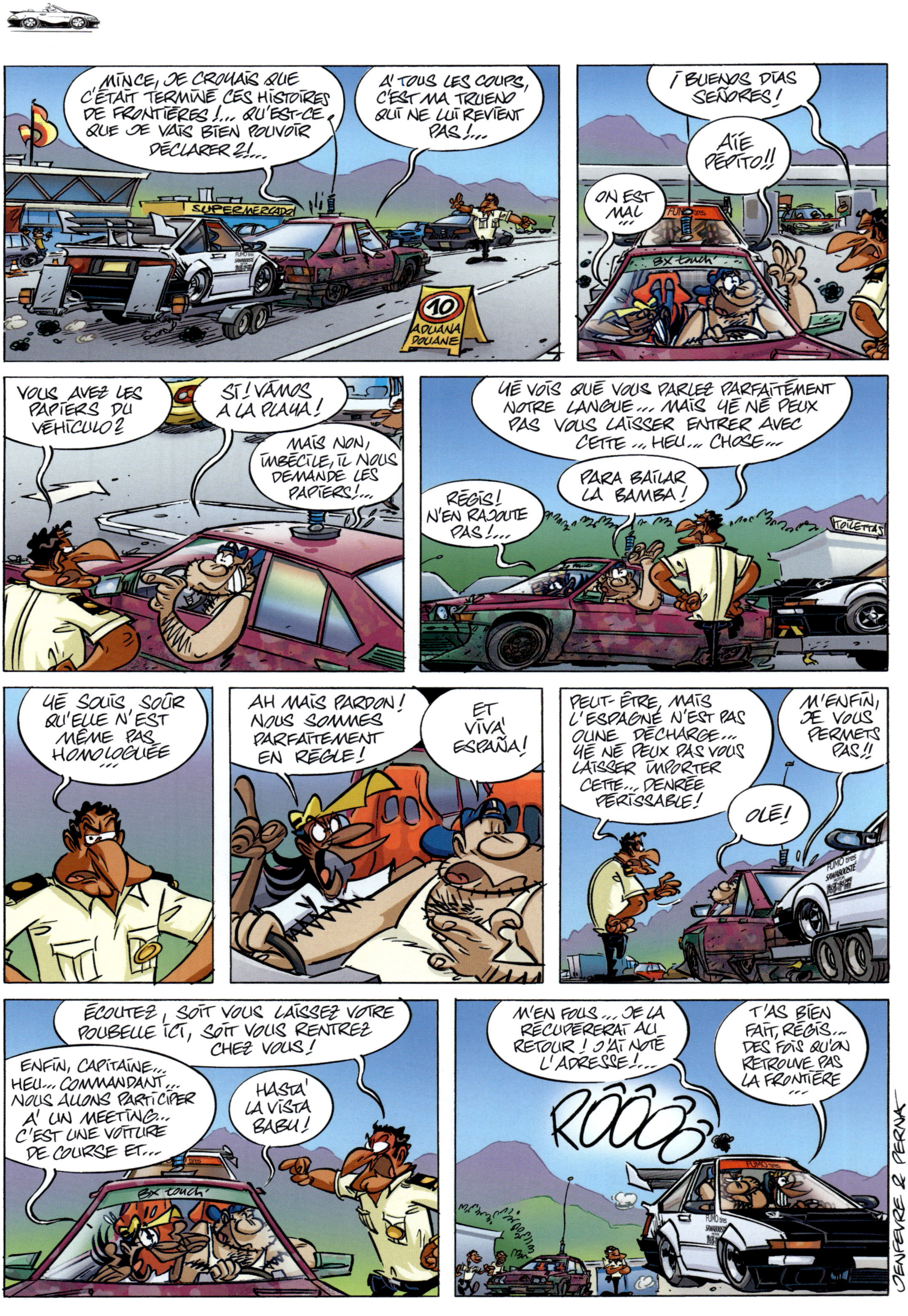

MINCE, JE CROYAIS QUE C'ÉTAIT TERMINÉ CES HISTOIRES DE FRONTIÈRES !... QU'EST-CE QUE JE VAIS BIEN POUVOIR DÉCLARER ?!...
À TOUS LES COUPS, C'EST MA TRUENO QUI NE LUI REVIENT PAS !...
SUPERMERCADO
10
ADUANA DOUANE
¡ BUENOS DIAS SEÑORES !
AÏE PEPITO !!
ON EST MAL ...
BX touch'
VOUS AVEZ LES PAPIERS DU VÉHICULO ?
SI ! VÁMOS A LA PLAYA !
MAIS NON, IMBÉCILE, IL NOUS DEMANDE LES PAPIERS !...
JE VOIS QUE VOUS PARLEZ PARFAITEMENT NOTRE LANGUE... MAIS JE NE PEUX PAS VOUS LAISSER ENTRER AVEC CETTE... HEU... CHOSE...
RÉGIS ! N'EN RAJOUTE PAS !...
PARA BAILAR LA BAMBA !
TOILETTAS
JE SOUIS SOÛR QU'ELLE N'EST MÊME PAS HOMOLOGUÉE ...
AH MAIS PARDON ! NOUS SOMMES PARFAITEMENT EN RÈGLE !
ET VIVA ESPAÑA !
PEUT-ÊTRE, MAIS L'ESPAGNE N'EST PAS OUNE DÉCHARGE... JE NE PEUX PAS VOUS LAISSER IMPORTER CETTE... DENRÉE PÉRISSABLE !
M'ENFIN, JE VOUS PERMETS PAS !!
OLÉ !
ÉCOUTEZ, SOIT VOUS LAISSEZ VOTRE POUBELLE ICI, SOIT VOUS RENTREZ CHEZ VOUS !
ENFIN, CAPITAINE... HEU... COMMANDANT... NOUS ALLONS PARTICIPER À UN MEETING... C'EST UNE VOITURE DE COURSE ET...
HASTA LA VISTA BABU !
M'EN FOUS... JE LA RÉCUPÉRERAI AU RETOUR ! J'AI NOTÉ L'ADRESSE !...
T'AS BIEN FAIT, RÉGIS... DES FOIS QU'ON RETROUVE PAS LA FRONTIÈRE ...
RÔÔÔÔ
JENFEVRE & PERNA

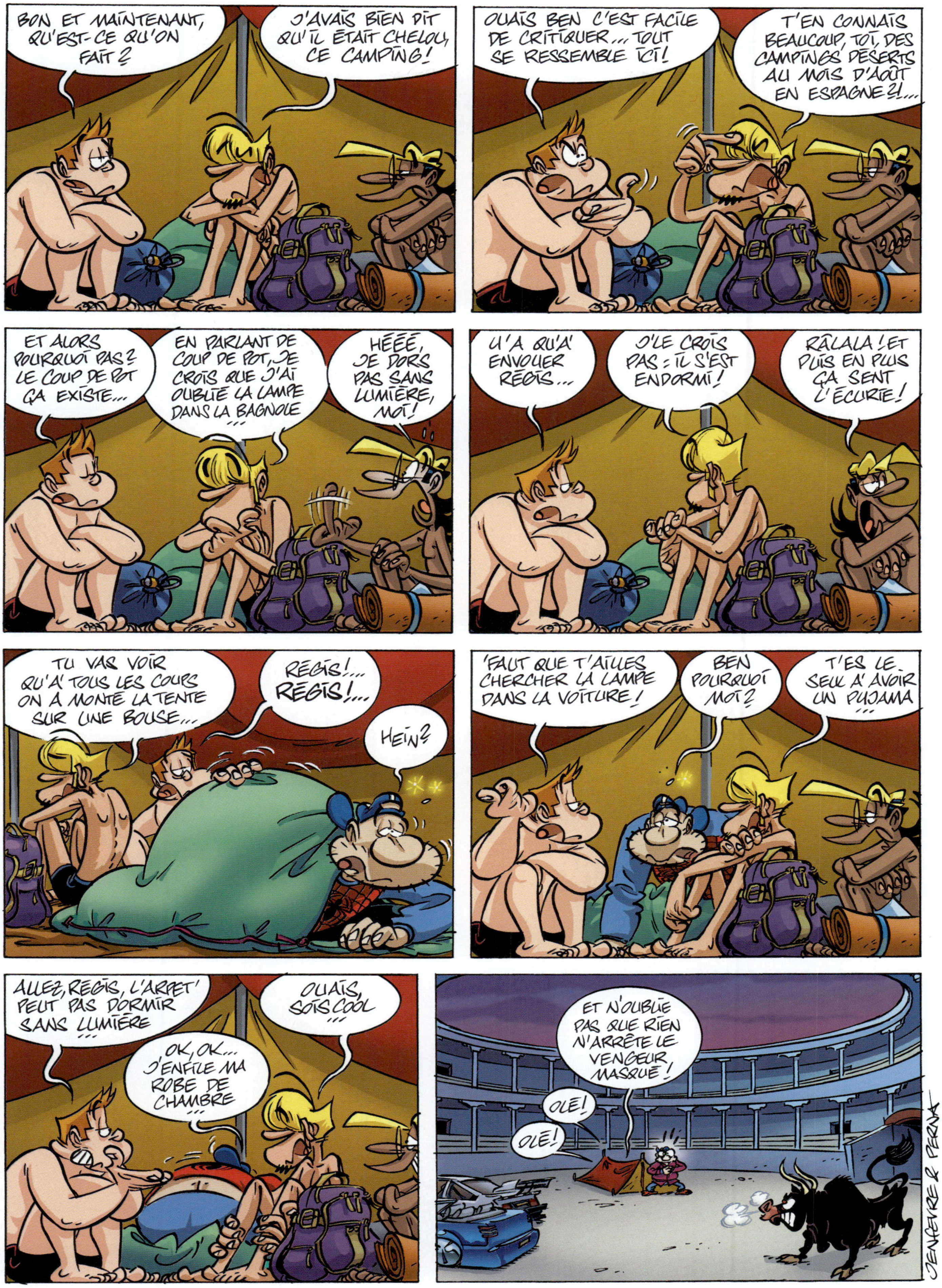
BON ET MAINTENANT, QU'EST-CE QU'ON FAIT ?
J'AVAIS BIEN DIT QU'IL ÉTAIT CHELOU, CE CAMPING !
OUAIS BEN C'EST FACILE DE CRITIQUER... TOUT SE RESSEMBLE ICI !
T'EN CONNAIS BEAUCOUP, TOI, DES CAMPINGS DÉSERTS AU MOIS D'AOÛT EN ESPAGNE ?!...
ET ALORS POURQUOI PAS ? LE COUP DE POT ÇA EXISTE...
EN PARLANT DE COUP DE POT, JE CROIS QUE J'AI OUBLIÉ LA LAMPE DANS LA BAGNOLE...
HÉÉÉ, JE DORS PAS SANS LUMIÈRE, MOI !
Y'A QU'À ENVOYER RÉGIS...
J'LE CROIS PAS : IL S'EST ENDORMI !
RÂLALA ! ET PUIS EN PLUS ÇA SENT L'ÉCURIE !
TU VAS VOIR QU'À TOUS LES COUPS ON A MONTÉ LA TENTE SUR UNE BOUSE...
RÉGIS !... RÉGIS !...
HEIN ?
'FAUT QUE T'AILLES CHERCHER LA LAMPE DANS LA VOITURE !
BEN POURQUOI MOI ?
T'ES LE SEUL À AVOIR UN PYJAMA...
ALLEZ, RÉGIS, L'ARPET' PEUT PAS DORMIR SANS LUMIÈRE...
OUAIS, SOIS COOL...
OK, OK... J'ENFILE MA ROBE DE CHAMBRE...
ET N'OUBLIE PAS QUE RIEN N'ARRÊTE LE VENGEUR MASQUÉ !
OLÉ !
OLÉ !
JENFÈVRE & PERNA

TU ME PASSES LE TUBE QUAND T'AS FINI ?...
J'AI DÛ LÉCHER, ELLES COMMENÇAIENT À FONDRE... C'EST À QUI FRAISE-PISTACHE ?
HEU... JE TE LAISSE LA MIENNE, RÉGIS...
PAREIL...
ON Y VA ?
Y A ENCORE TROP DE MONDE...
C'EST BON LÀ, NON ? Y RESTE PLUS QUE LES MOUETTES... TU PEUX APPELER...
VOUS, LÉ TOURISTOS, VOUS AVEZ DÉ IDÉES STUPIDAS DÉ FOIS !
BRRRR
JE VOUS PRÉVIENS, DEMAIN C'EST "SERVIETTES DE PLAGE" OU RIEN !
JENFÈVRE & PERNA

VAS-Y, ACCÉLÈRE DOUCEMENT...
HA HA ! J'AI TOUJOURS DIT QUE CETTE VOITURE, C'EST UN AIMANT À GONZESSES !...
OUAIS BEN T'EMBALLE PAS ! CONTINUE COMME ÇA SANS À-COUPS...
DÉJÀ QU'AVANT JE LES EMMENAIS AU 7e CIEL... HEN HEN !
VOILÀ, C'EST PARFAIT...
HÉ, QU'EST-CE QU'IL A À ME REGARDER COMME ÇA, L'ESPINGOUIN ?
IL SE SENT MAL DANS SA SEAT LAMBADA ?
CE SERAIT PAS PLUTÔT UNE PAELLA MODÈLE 2000 ?
À MOINS QU'IL VEUILLE QU'ON LUI DONNE UNE PETITE LEÇON DE PILOTAGE À LA FRANÇAISE...
C'EST ÇA, EXPLIQUE-LUI COMMENT ON PASSE LA CINQ, AU CHORIZO...
IL NOUS A MIS 20 MÈTRES DANS LA VUE !!
J'FAIS CE QUE JE PEUX...
HÉ ! LES GARS...
MAIS VAS-Y, ACCÉLÈRE, IL NOUS ENFUME !
IMPOSSIBLE ! ON EST TROP LOURDS !
HO HÉ ! ÇA VA HEIN ! LOURD TOI-MÊME !
M'ENFIN, RED, C'EST L'HONNEUR DE LA FRANCE QUI EST EN JEU !
PENSE À ZIDANE !
J'FAIS QUE ÇA ! MAIS ON DIRAIT QU'Y A UN TRUC QUI NOUS RALENTIT...
ÉVIDEMMENT...

JE COMPRENDS PAS, ÇA DOIT ÊTRE UN PROBLÈME D'AÉRO...
GLOUPS! JE CROIS QU'ON A UN PEU OUBLIÉ...
MAIS OUAIS, J'ARRÊTE PAS DE VOUS LE DIRE : FAUT FERMER LA CAPOTE!
JENFÈVRE & PERNA

RÔP RÔP BRÔÔÔÔ
C'EST L'ARPET' QUI PASSE LE PREMIER...
IL VA TOUS LES ATOMISER...
VROOO
OLÉ!
HEU... C'EST QUOI CE DÉLIRE ?
DU DRIFT ESPAGNOL, JE CROIS...
ROOOOOO
OLÉ! OLÉ!
IL EST MALADE, TRAVOLTA, AVEC SON COSTUME À PAILLETTES ! IL VA TERMINER EN STRING...
T'INQUIÈTE, C'EST COMME ÇA ICI ! ILS APPELLENT ÇA DU "TORERO DRIFT" ! NORMALEMENT APRÈS, ÇA DEVIENT PLUS SPECTACULAIRE...
ROOO
KLONG
?
TU CROIS QU'IL VA RÉCLAMER LES 2 OREILLES ET LA QUEUE ?
JE VEUX PAS VOIR ÇA !..
JENFÈVRE & PERNA

QUEL ENDROIT PARADISIAQUE... N'S'PAS, BICHETTE?
TRÈS PLAISANT EN EFFET ...
ET CE CADRE, CETTE VUE, JE DIRAIS MÊME PLUS : CE PANORAMA! N'S'PAS...
C'EST UNE FÉERIE!
ET IDÉALEMENT SITUÉ POUR UN RETOUR DE VACANCES! JUSTE EN BORDURE D'AUTOROUTE...
UNE CHANCE ...
LA CHANCE N'A RIEN À VOIR AVEC ÇA, BICHETTE! J'AI DÉCOUVERT CET ENDROIT DE MANIÈRE SCIENTIFIQUE!
C'EST VRAI, J'OUBLIAIS VOTRE PASSION SOUDAINE POUR LES GADGETS ÉLECTRONIQUES...
GADGET? VOUS PLAISANTEZ, CET APPAREIL EST UNE MERVEILLE DE TECHNOLOGIE AUSSI PUISSANTE QUE CE TAUREAU...
EN BEAUCOUP MOINS LOURD! HA HA HA!
HI HI HI! QUELLE FINESSE, MON AMI!...
COMBLE DU RAFFINEMENT, IL NOUS A MÊME TROUVÉ DE L'OMBRE ...
JE T'AVAIS DIS QUE C'ÉTAIT UNE CONNERIE!
QUELLE IDÉE DE VOULOIR LE DÉBOULONNER!
C'ÉTAIT POUR EMPORTER UN PETIT SOUVENIR D'ESPAGNE ...
JENFÈVRE & PERNA

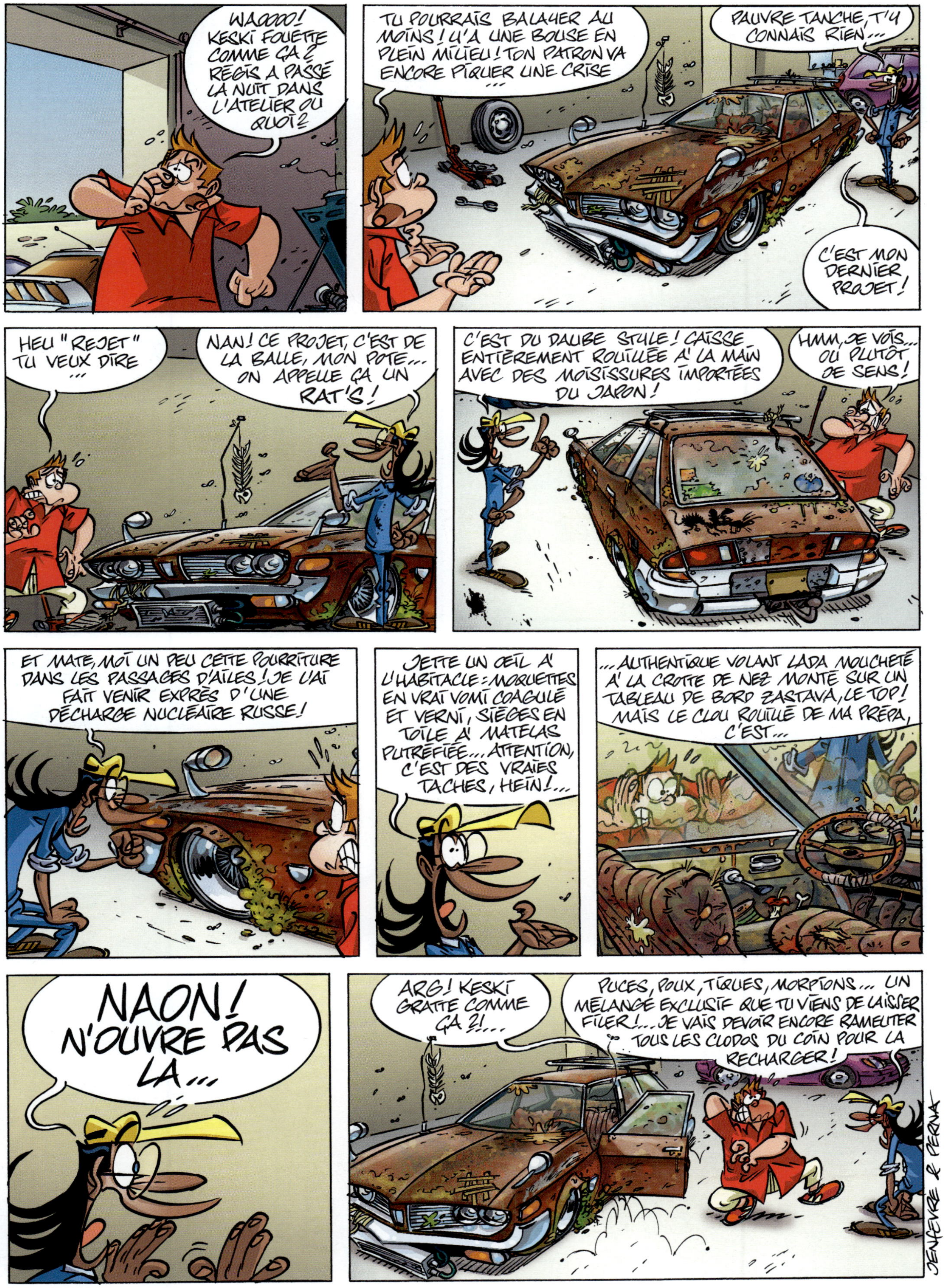
WAOOOO! KESKI FOUETTE COMME ÇA ? RÉGIS A PASSÉ LA NUIT DANS L'ATELIER OU QUOI ?
TU POURRAIS BALAYER AU MOINS ! Y'A UNE BOUSE EN PLEIN MILIEU ! TON PATRON VA ENCORE PIQUER UNE CRISE ...
PAUVRE TANCHE, T'Y CONNAIS RIEN...
C'EST MON DERNIER PROJET !
HEU "REJET" TU VEUX DIRE ...
NAN ! CE PROJET, C'EST DE LA BALLE, MON POTE... ON APPELLE ÇA UN RAT'S !
C'EST DU DAUBE STYLE ! CAISSE ENTIÈREMENT ROUILLÉE À LA MAIN AVEC DES MOISISSURES IMPORTÉES DU JAPON !
HMM, JE VOIS... OU PLUTÔT JE SENS !
ET MATE, MOI UN PEU CETTE POURRITURE DANS LES PASSAGES D'AILES ! JE L'AI FAIT VENIR EXPRÈS D'UNE DÉCHARGE NUCLÉAIRE RUSSE !
JETTE UN OEIL À L'HABITACLE : MOQUETTES EN VRAI VOMI COAGULÉ ET VERNI, SIÈGES EN TOILE À MATELAS PUTRÉFIÉE... ATTENTION, C'EST DES VRAIES TACHES, HEIN !...
...AUTHENTIQUE VOLANT LADA MOUCHETÉ À LA CROTTE DE NEZ MONTÉ SUR UN TABLEAU DE BORD ZASTAVA, LE TOP ! MAIS LE CLOU ROUILLÉ DE MA PRÉPA, C'EST...
NAON ! N'OUVRE PAS LA...
ARG ! KESKI GRATTE COMME ÇA ?!...
PUCES, POUX, TIQUES, MORPIONS... UN MÉLANGE EXCLUSIF QUE TU VIENS DE LAISSER FILER !... JE VAIS DEVOIR ENCORE RAMEUTER TOUS LES CLODOS DU COIN POUR LA RECHARGER !
JENFÈVRE & PERNA

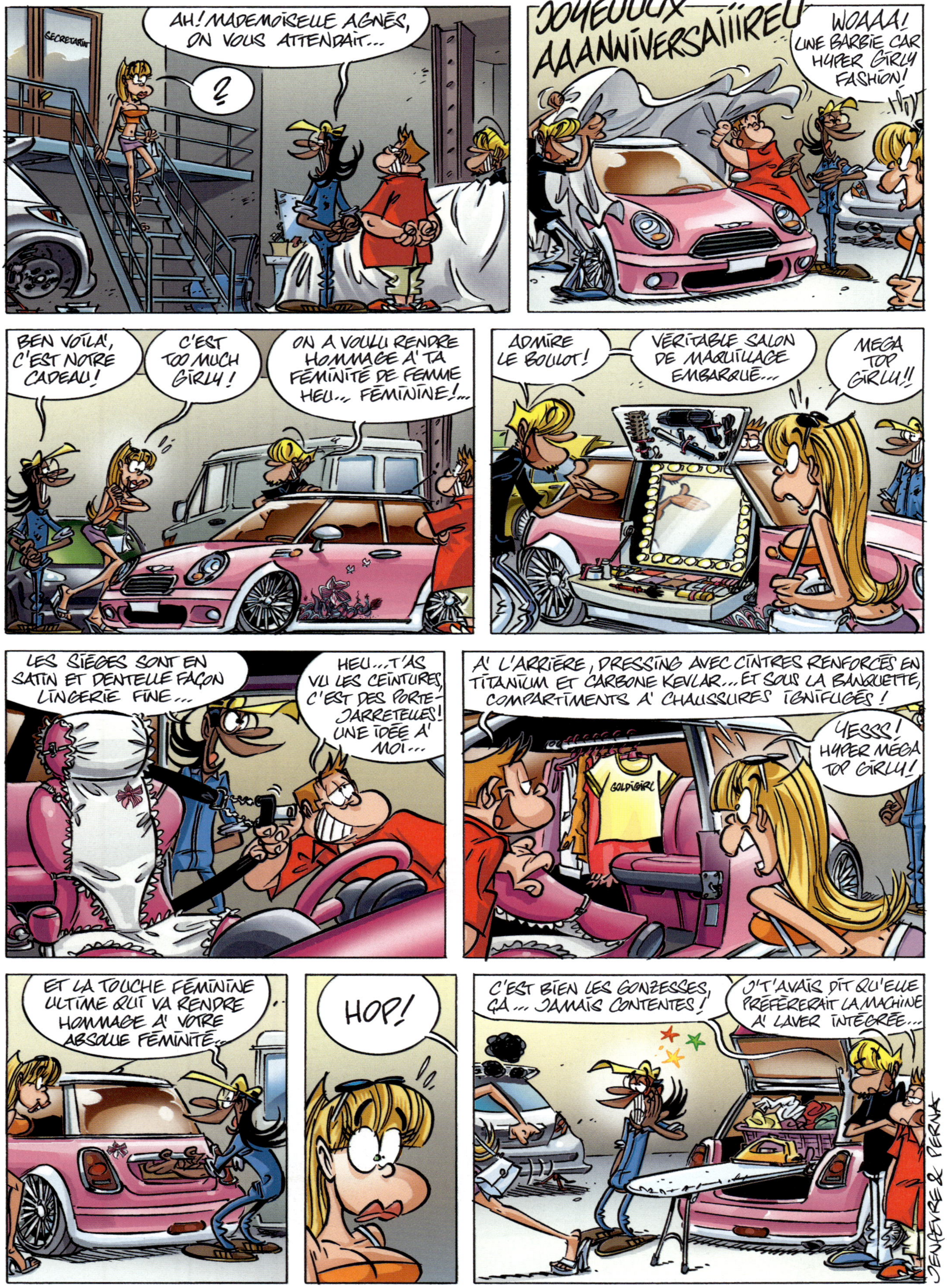
SECRETARIAT
AH! MADEMOISELLE AGNÈS, ON VOUS ATTENDAIT...
?
JOYEUUUX AAANNIVERSAIIIREU
WOAAA! UNE BARBIE CAR HYPER GIRLY FASHION!
BEN VOILÀ, C'EST NOTRE CADEAU!
C'EST TOO MUCH GIRLY!
ON A VOULU RENDRE HOMMAGE À TA FÉMINITÉ DE FEMME HEU... FÉMININE!...
ADMIRE LE BOULOT!
VÉRITABLE SALON DE MAQUILLAGE EMBARQUÉ...
MEGA TOP GIRLY!!
LES SIÈGES SONT EN SATIN ET DENTELLE FAÇON LINGERIE FINE...
HEU... T'AS VU LES CEINTURES, C'EST DES PORTE-JARRETELLES! UNE IDÉE À MOI...
À L'ARRIÈRE, DRESSING AVEC CINTRES RENFORCÉS EN TITANIUM ET CARBONE KEVLAR... ET SOUS LA BANQUETTE, COMPARTIMENTS À CHAUSSURES IGNIFUGÉS!
GOLDIGIRL
YESSS! HYPER MÉGA TOP GIRLY!
ET LA TOUCHE FÉMININE ULTIME QUI VA RENDRE HOMMAGE À VOTRE ABSOLUE FÉMINITÉ...
HOP!
C'EST BIEN LES GONZESSES, ÇA... JAMAIS CONTENTES!
J'T'AVAIS DIT QU'ELLE PRÉFÉRERAIT LA MACHINE À LAVER INTÉGRÉE...
JENFÈVRE & PERNA

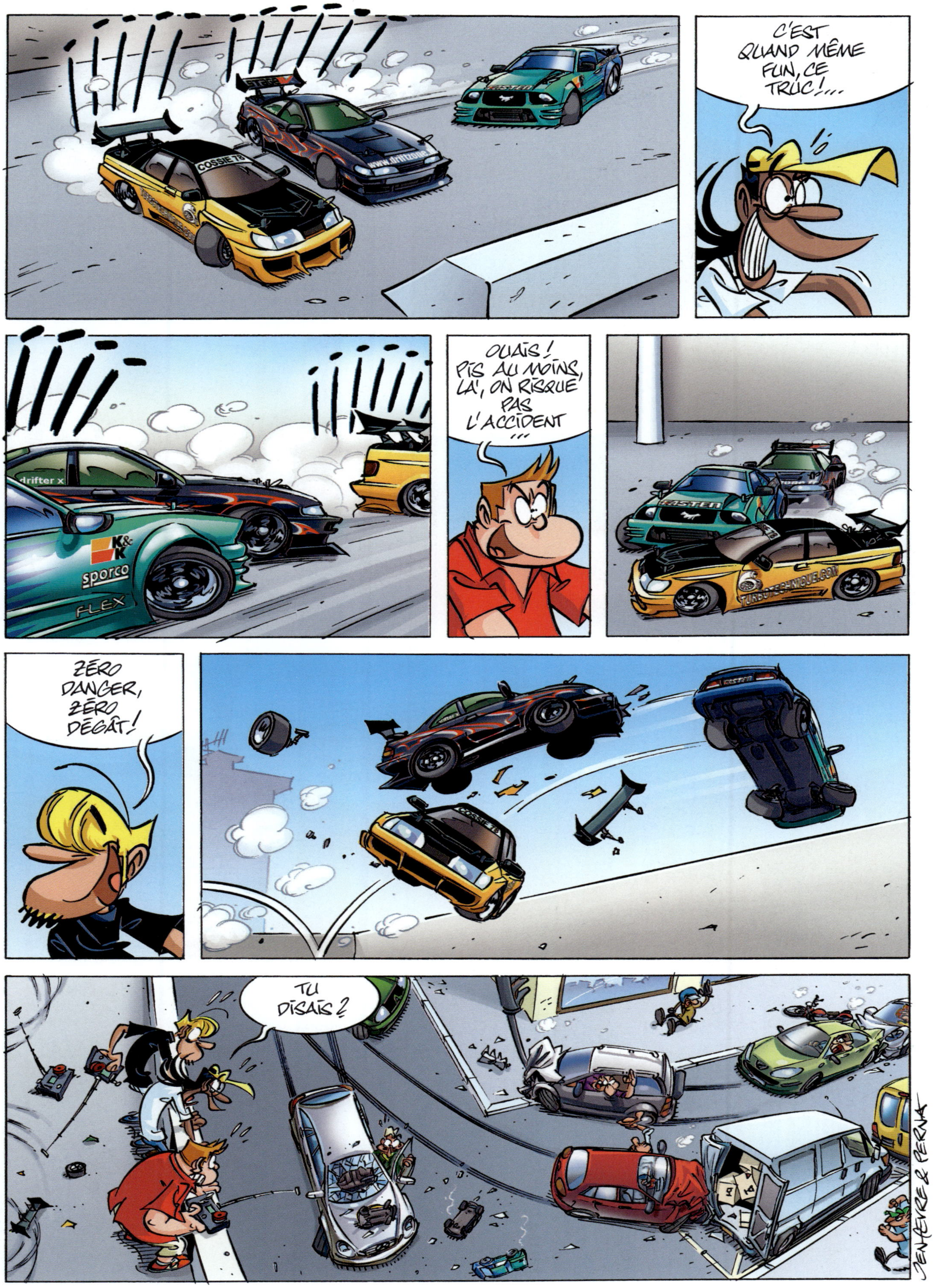
C'EST QUAND MÊME FUN, CE TRUC !...
OUAIS ! PIS AU MOINS, LÀ, ON RISQUE PAS L'ACCIDENT ...
ZÉRO DANGER, ZÉRO DÉGÂT !
TU DISAIS ?
JENFÈVRE & PERNA

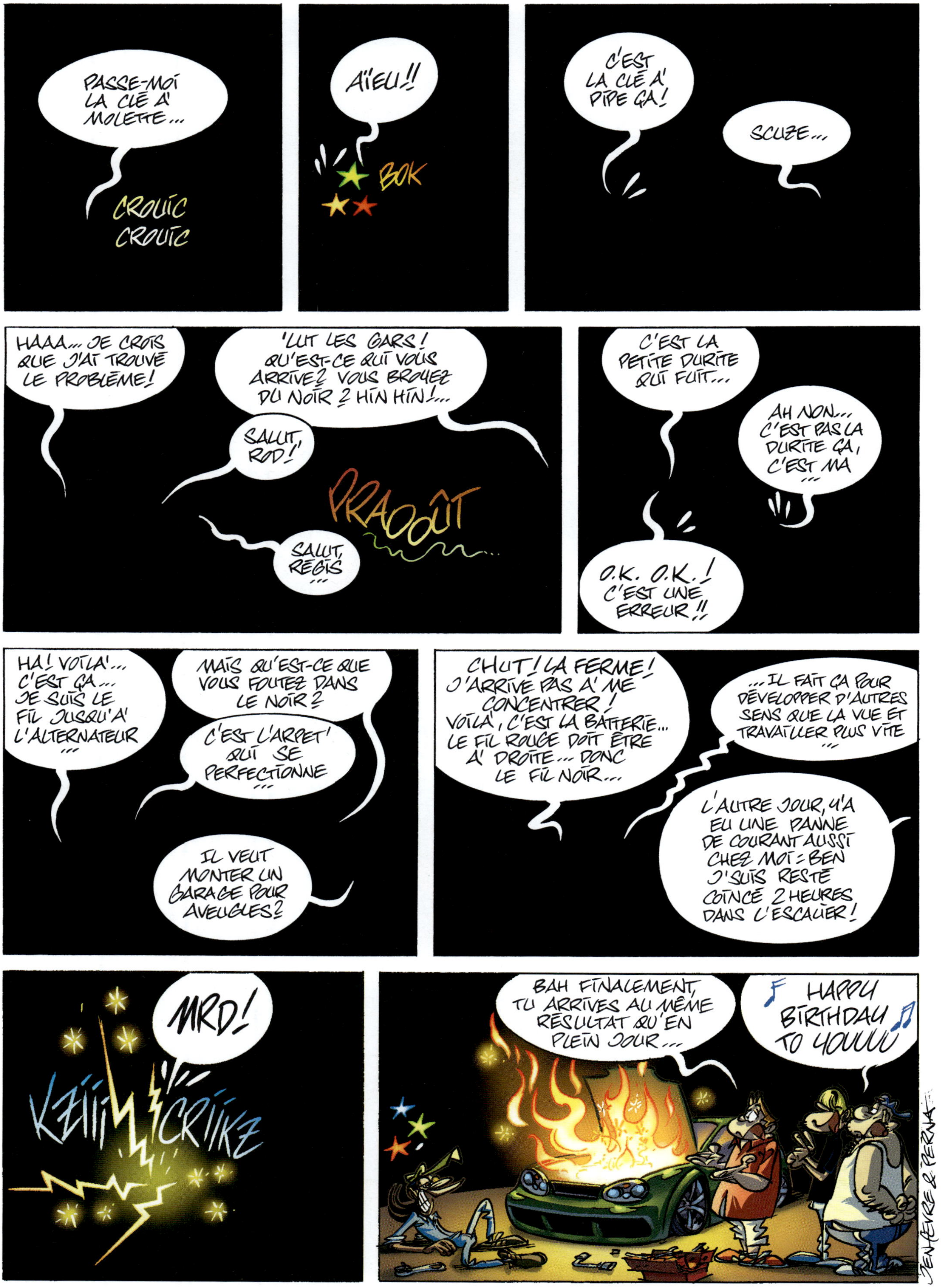
PASSE-MOI LA CLÉ A' MOLETTE...
CROUIC CROUIC
AÏEU!!
BOK
C'EST LA CLÉ A' PIPE ÇA!
SCUZE...
HAAA... JE CROIS QUE J'AI TROUVÉ LE PROBLÈME!
'LUT LES GARS! QU'EST-CE QUI VOUS ARRIVE? VOUS BROYEZ DU NOIR? HIN HIN!...
SALUT, ROD!
PRAOOÛT
SALUT, RÉGIS...
C'EST LA PETITE DURITE QUI FUIT...
AH NON... C'EST PAS LA DURITE ÇA, C'EST MA...
O.K. O.K.! C'EST UNE ERREUR!!
HA! VOILA'... C'EST ÇA... JE SUIS LE FIL JUSQU'A' L'ALTERNATEUR...
MAIS QU'EST-CE QUE VOUS FOUTEZ DANS LE NOIR?
C'EST L'ARPET' QUI SE PERFECTIONNE...
IL VEUT MONTER UN GARAGE POUR AVEUGLES?
CHUT! LA FERME! J'ARRIVE PAS A' ME CONCENTRER! VOILA', C'EST LA BATTERIE... LE FIL ROUGE DOIT ÊTRE A' DROITE... DONC LE FIL NOIR...
...IL FAIT ÇA POUR DÉVELOPPER D'AUTRES SENS QUE LA VUE ET TRAVAILLER PLUS VITE...
L'AUTRE JOUR, Y'A EU UNE PANNE DE COURANT AUSSI CHEZ MOI : BEN J'SUIS RESTÉ COINCÉ 2 HEURES DANS L'ESCALIER!
MRD!
KZIIIM CRIIKZ
BAH FINALEMENT, TU ARRIVES AU MÊME RÉSULTAT QU'EN PLEIN JOUR...
HAPPY BIRTHDAY TO YOUUU
JENFÈVRE & PERNA

TEUH TEUH
MAIS QU'EST-CE QU'ILS SONT RÂLEURS DANS C'TE VILLE...
NORMAL, T'AS VU COMME TU POLLUES ?!
MOI ? ÇA M'ÉTONNERAIT, J'AI MÊME UN SAPIN USHUAÏA DÉDICACÉ PAR NICOLAS BULOT, ALORS...
RÉGIS, LE PRENDS PAS MAL MAIS TA CAISSE PUE DU POT... TU REFOULES LE GAZ CARBONIQUE À PLEIN NEZ...
BX touch
HEU... C'EST VRAI QU'ELLE EST PEUT-ÊTRE RÉGLÉE "UN PEU RICHE"...
"UN PEU RICHE" ?! AVEC TOUTE L'HUILE QUE TU REJETTES DANS L'ATMOSPHÈRE, Y A DE QUOI FAIRE FRIRE LA COUCHE D'OZONE !
HÉÉÉÉ ! TU VAS PAS EN PLUS L'ABANDONNER SUR LE TROTTOIR ?
ATTENDS, ILS VONT VOIR SI JE REJETTE DES GAZ DANS LA MOLLE SPHÈRE...
MAIS QU'EST-CE QUE TU FABRIQUES AVEC TON SAPIN ?
JE FILTRE ! COMME ÇA, TERMINÉS LES REJETS TECTONIQUES !
PUM PUM PUM
ET VOILÀ ! PLUS DE FUMÉE, PLUS DE POLLUTION !
J'APPELLE NICOLAS HUBLOT !
JENFÈVRE & PERNA

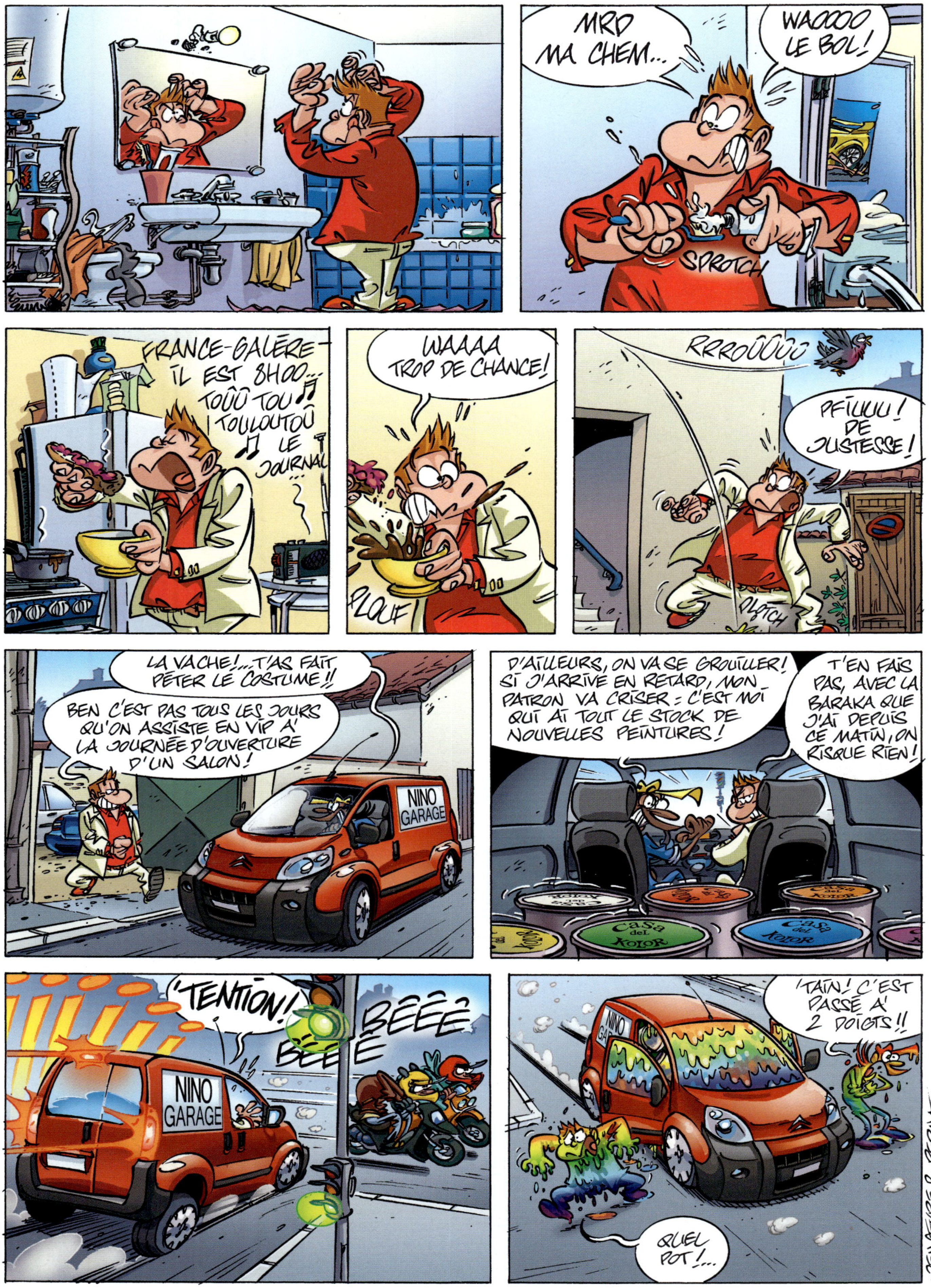

MRD MA CHEM...
WAOOOO LE BOL!
SPROTCH
FRANCE-GALÈRE IL EST 8H00... TOÛÛ TOU TOULOUTOÛ LE JOURNAL...
WAAAA TROP DE CHANCE!
PLOUF
RRROÛÛÛÛ
PFIUUU! DE JUSTESSE!
PLOTCH
LA VACHE!...T'AS FAIT PÉTER LE COSTUME!!
BEN C'EST PAS TOUS LES JOURS QU'ON ASSISTE EN VIP À LA JOURNÉE D'OUVERTURE D'UN SALON!
NINO GARAGE
D'AILLEURS, ON VA SE GROUILLER! SI J'ARRIVE EN RETARD, MON PATRON VA CRISER : C'EST MOI QUI AI TOUT LE STOCK DE NOUVELLES PEINTURES!
T'EN FAIS PAS, AVEC LA BARAKA QUE J'AI DEPUIS CE MATIN, ON RISQUE RIEN!
Casa del Kolor
'TENTION!
BÊÊÊÊ BÊÊÊ
NINO GARAGE
'TAIN! C'EST PASSÉ À 2 DOIGTS!!
QUEL POT!...
JENFÈVRE & PERNA

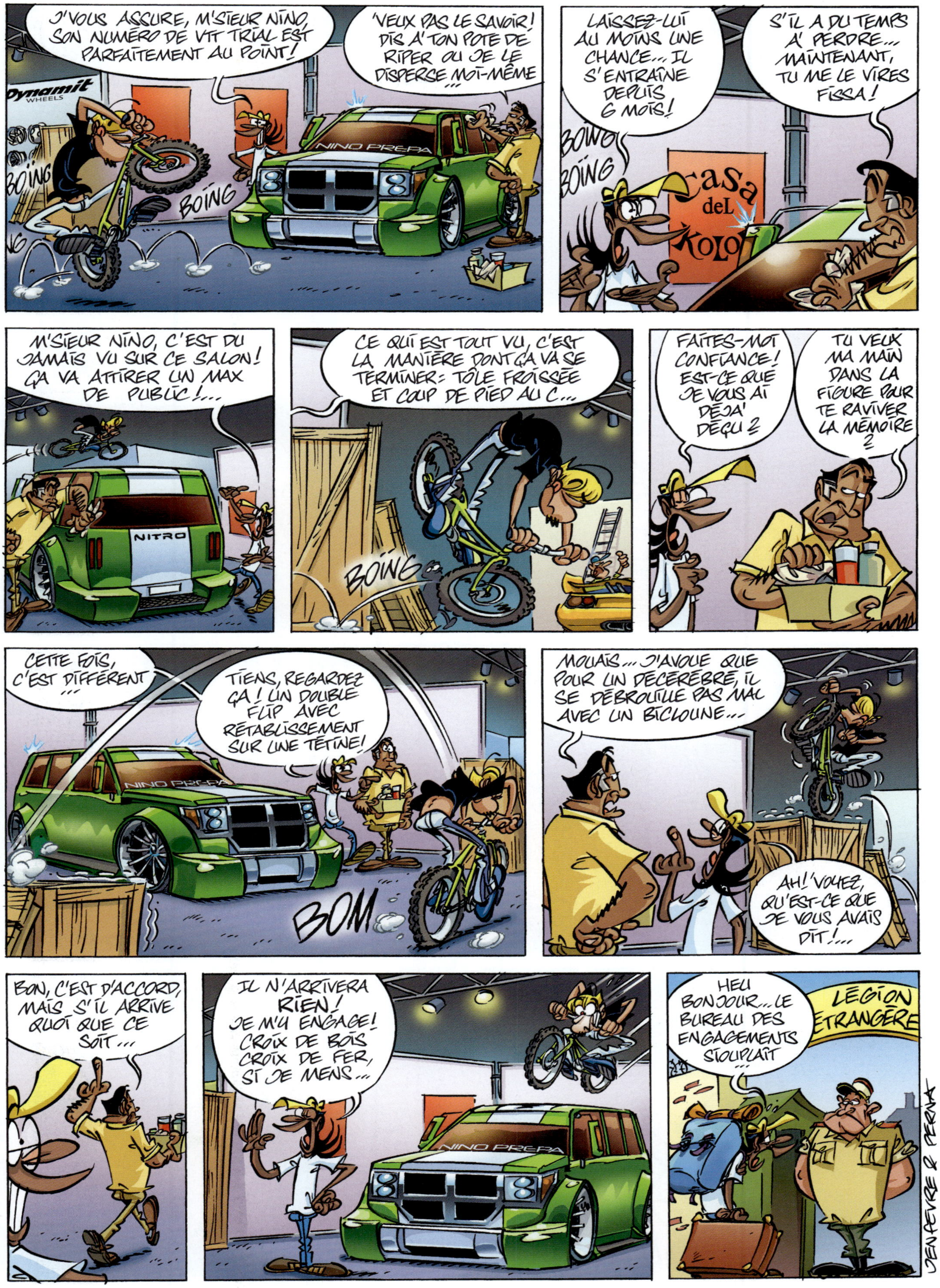
J'VOUS ASSURE, M'SIEUR NINO, SON NUMÉRO DE VTT TRIAL EST PARFAITEMENT AU POINT!
'VEUX PAS LE SAVOIR! DIS À TON POTE DE RIPER OU JE LE DISPERSE MOI-MÊME...
Dynamit WHEELS
BOING
BOING
NINO PREPA
LAISSEZ-LUI AU MOINS UNE CHANCE... IL S'ENTRAÎNE DEPUIS 6 MOIS!
S'IL A DU TEMPS À PERDRE... MAINTENANT, TU ME LE VIRES FISSA!
BOING
BOING
Casa del Kolo
M'SIEUR NINO, C'EST DU JAMAIS VU SUR CE SALON! ÇA VA ATTIRER UN MAX DE PUBLIC!...
NITRO
CE QUI EST TOUT VU, C'EST LA MANIÈRE DONT ÇA VA SE TERMINER: TÔLE FROISSÉE ET COUP DE PIED AU C...
BOING
FAITES-MOI CONFIANCE! EST-CE QUE JE VOUS AI DÉJÀ DÉÇU?
TU VEUX MA MAIN DANS LA FIGURE POUR TE RAVIVER LA MÉMOIRE?
CETTE FOIS, C'EST DIFFÉRENT...
TIENS, REGARDEZ ÇA! UN DOUBLE FLIP AVEC RÉTABLISSEMENT SUR UNE TÉTINE!
NINO PREPA
BOM
MOUAIS... J'AVOUE QUE POUR UN DÉCÉRÉBRÉ, IL SE DÉBROUILLE PAS MAL AVEC UN BICLOUNE...
AH! VOYEZ, QU'EST-CE QUE JE VOUS AVAIS DIT!...
BON, C'EST D'ACCORD, MAIS S'IL ARRIVE QUOI QUE CE SOIT...
IL N'ARRIVERA RIEN! JE M'Y ENGAGE! CROIX DE BOIS CROIX DE FER, SI JE MENS...
NINO PREPA
HEU BONJOUR... LE BUREAU DES ENGAGEMENTS S'IOUPLAÎT...
LÉGION ÉTRANGÈRE
JENFÈVRE & PERNA

RIIIIIIIIIINN
RÉGIS, RESTE PAS LÀ, C'EST DANGEREUX !
MAIS NAN !
RIIIIIIIIIIIN
RÉGIS !
MAIS JE RISQUE RIEN, JE TE DIS !
PIS C'EST TROP BIEN D'ICI, ON S'EN PREND PLEIN LES YEUX !
OUAIS BEN SI JAMAIS Y EN A UN QUI S'EN SORT, TU VAS SURTOUT EN PRENDRE PLEIN LA TRONCHE !
VA TE METTRE LÀ-BAS !
EN PLUS TU NOUS DÉCONCENTRES ...
ROOOLALA, LES RABAT-JOUR ...
PFFFFFF ! ET LÀ ÇA VOUS VA ?
RIII RIII
?!
P'TAIN, HEUREUSEMENT QU'IL S'EST BOUGÉ !
OUAIS, SANS ÇA NOS CAISSES FAISAIENT LE GRAND PLONGEON ...
JENFÈVRE & PERNA

J'Y CROIS PAS ! ON EST SUR UN PLATEAU TÉLÉ !
ET OUAIS, MON POTE... C'EST ÇA LA CLASSE !
ET COMMENT T'AS DÉCROCHÉ ÇA ?
JE TE L'AI DIT : LE PRODUCTEUR M'A REPÉRÉ SUR UN PARKING...
IL M'A JUSTE DIT : "JEUNE HOMME, VOTRE VOITURE A LE FEU SACRÉ ! JE VAIS EN FAIRE UNE STAR !"
WAOOOO CARRÉMENT ! ...
SILENCE SUR LE PLATEAU ! ÇA TOURNE !
COMME JE VOUS LE DISAIS, SANS NOTRE TRAITEMENT AU PIRIDIUM SULPHATE HYDRO CARBONISÉ, VOTRE VOITURE EST À LA MERCI DES ÉLÉMENTS !...
N'EST-CE PAS SAMANTHA ?
RAYURES, GRIFFURES, ACCROCHAGES OU MÊME COUPS DE MARTEAU... SI VOUS AVIEZ UTILISÉ CARAPASSATOR, VOTRE AUTO RESTERAIT INTACTE...
BAM BAM BAM
SPRAY WAX
CAR SEUL CARAPASSATOR À L'HUILE DE CARAPACES DE TORTUES CENTENAIRES DES GALAPAGOS PROTÈGE DE TOUT !
MÊME DU FEU !
WOUF
APRÈS LA PUB', NOUS VERRONS COMMENT LUTTER CONTRE LA CORROSION APRÈS UN SÉJOUR PROLONGÉ AU FOND DE L'EAU !...
HÉ ! FAITES PAS LE BAZAR OU VOUS L'AUREZ PAS VOT' BIDON GRATUIT !...
JENFÈVRE & PERNA

JENFEVRE & PERNA

SALUT, L'ARPET' ÇA WATT?
MAIS, MAIS... RÔÔÔ TOI, T'AS UN RENCARD CE SOIR... ÇA SENT L'EAU DE TOILETTE DE SUPERMARCHÉ À PLEIN NEZ!
SNIF SNIF
WAOOOO! LA PURE CAISSE BLING-BLING!!
TU LA KIFFES ? C'EST MON DERNIER PROJET...
LA BAGNOLE DE 50 CENTIMES!
FIFTY CENTS, LE RAPPEUR AMÉRICAIN? LA STAR PLANÉTAIRE FAIT PRÉPARER SA VOITURE À CHOISY-LE-ROI?
HEU, PRESQUE... CINQUANTE CENTIMES, SA DOUBLURE BELGE...
C'EST KIF KIF...
N'EMPÊCHE, MATE UN PEU CETTE PEINTURE : C'EST DE LA POUDRE DE DIAMANT MÉLANGÉE QUI DONNE CET ÉCLAT! POUR LE CAPOT, J'AI REPRIS UN ORIGINAL DE VAN GOGH!...
JANTES EN PLATINE MASSIF TAILLÉ DANS LA MASSE, INCRUSTÉ DE RUBIS!
LE COFFRE N'EST PAS DÉGUEU NON PLUS : CAPITONNÉ EN SATIN DE NOËL, LE FOND EST UN TAPIS DE DOLLARS SUR 3 CENTIMÈTRES D'ÉPAISSEUR VERNI AU SAPHIR DÉPOLI ET FONDU...
CLIC
CTS 50
OUAH! LA SONO!!
SIÈGES LOUIS BIDON, MOQUETTE EN CASHMERE DE CHEZ KARL LAGARFOUINE ET VOLANT EN VARAN DE KOMODO, LA CLASSE! TU NOTERAS QUE LE DIFFUSEUR DE PARFUM BALANCE UNIQUEMENT DU N°5 DE CHEZ CHAMEL!
TUM TUM
TABLEAU DE BORD EN BONZAÏ! IL M'EN A FALLU 4000, SANS COMPTER LA BOÎTE À GANTS EN FICUS MASSIF! ET LA TOUCHE ULTIME DE MA PRÉPA SE TROUVE SUR LA BANQUETTE ARRIÈRE...
NAON! N'OUVRE PAS LA...
VRAIES BLONDES PLATINE IMPORTÉES DES STATES! J'AI MIS 2 HEURES À LEUR EXPLIQUER COMMENT RENTRER DANS LA BAGNOLE...
TUM DA TUM
WOUAIS!
JENFÈVRE & PERNA

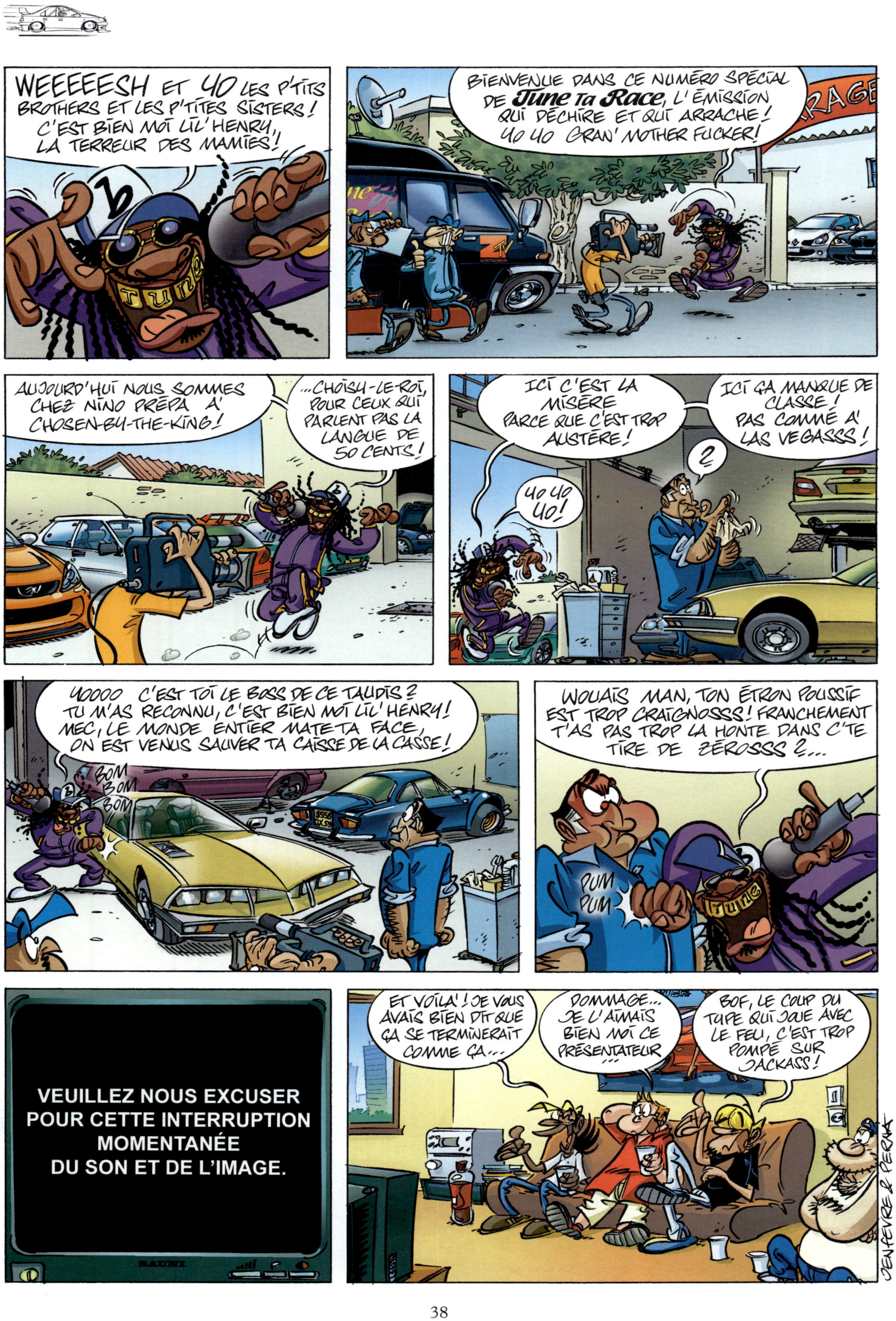
WEEEEEESH ET YO LES P'TITS BROTHERS ET LES P'TITES SISTERS ! C'EST BIEN MOI LIL'HENRY, LA TERREUR DES MAMIES !
BIENVENUE DANS CE NUMÉRO SPÉCIAL DE June Ta Race, L'ÉMISSION QUI DÉCHIRE ET QUI ARRACHE ! YO YO GRAN' MOTHER FUCKER !
AUJOURD'HUI NOUS SOMMES CHEZ NINO PRÉPA À CHOSEN-BY-THE-KING !
...CHOISY-LE-ROI, POUR CEUX QUI PARLENT PAS LA LANGUE DE 50 CENTS !
ICI C'EST LA MISÈRE PARCE QUE C'EST TROP AUSTÈRE !
ICI ÇA MANQUE DE CLASSE ! PAS COMME À LAS VEGASSS !
YO YO YO !
?
YOOOO C'EST TOI LE BOSS DE CE TAUDIS ? TU M'AS RECONNU, C'EST BIEN MOI LIL'HENRY ! MEC, LE MONDE ENTIER MATE TA FACE, ON EST VENUS SAUVER TA CAISSE DE LA CASSE !
BOM BOM BOM
WOUAIS MAN, TON ÉTRON POUSSIF EST TROP CRAIGNOSSS ! FRANCHEMENT T'AS PAS TROP LA HONTE DANS C'TE TIRE DE ZÉROSSS ?...
PUM PUM
VEUILLEZ NOUS EXCUSER POUR CETTE INTERRUPTION MOMENTANÉE DU SON ET DE L'IMAGE.
ET VOILÀ ! JE VOUS AVAIS BIEN DIT QUE ÇA SE TERMINERAIT COMME ÇA...
DOMMAGE... JE L'AIMAIS BIEN MOI CE PRÉSENTATEUR...
BOF, LE COUP DU TYPE QUI JOUE AVEC LE FEU, C'EST TROP POMPÉ SUR JACKASS !
JENFÈVRE & PERNA

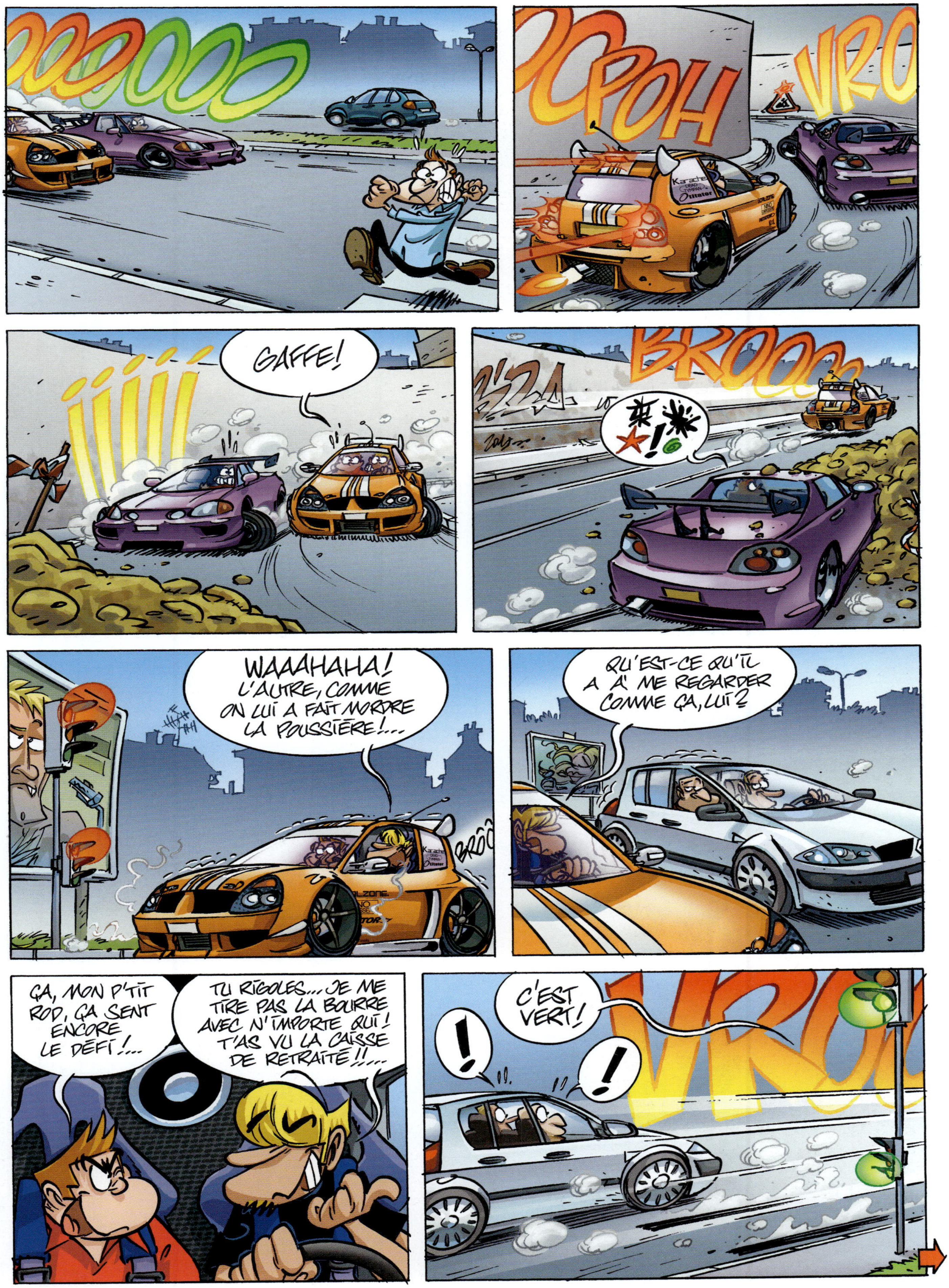
VRO
GAFFE!
BROOO
WAAAHAHA! L'AUTRE, COMME ON LUI A FAIT MORDRE LA POUSSIÈRE!...
QU'EST-CE QU'IL A À ME REGARDER COMME ÇA, LUI?
ÇA, MON P'TIT ROD, ÇA SENT ENCORE LE DÉFI!...
TU RIGOLES... JE ME TIRE PAS LA BOURRE AVEC N'IMPORTE QUI! T'AS VU LA CAISSE DE RETRAITÉ!!...
!
!
C'EST VERT!
VRO

MAIS OUAIS, T'AS RAISON : IL NOUS CHERCHE L'ANCIEN !
IL VA VOIR !
RÂÂÂÂÂ... MAIS IL S'ENTÊTE !
COOL ! ON EST TOMBÉ SUR UN TENACE !!...
LE CHACAL ! IL VA ME PASSER !
LÂCHE PAS, IL VA CRAQUER ...
VAZY, COLLE-LE ET TU LUI FAIS L'INTÉRIEUR AU ROND-POINT DU COMMISSARIAT !
UNE VOITURE BANALISÉE... J'EN REVIENS PAS ...
C'EST DÉLOYAL !
RRRR

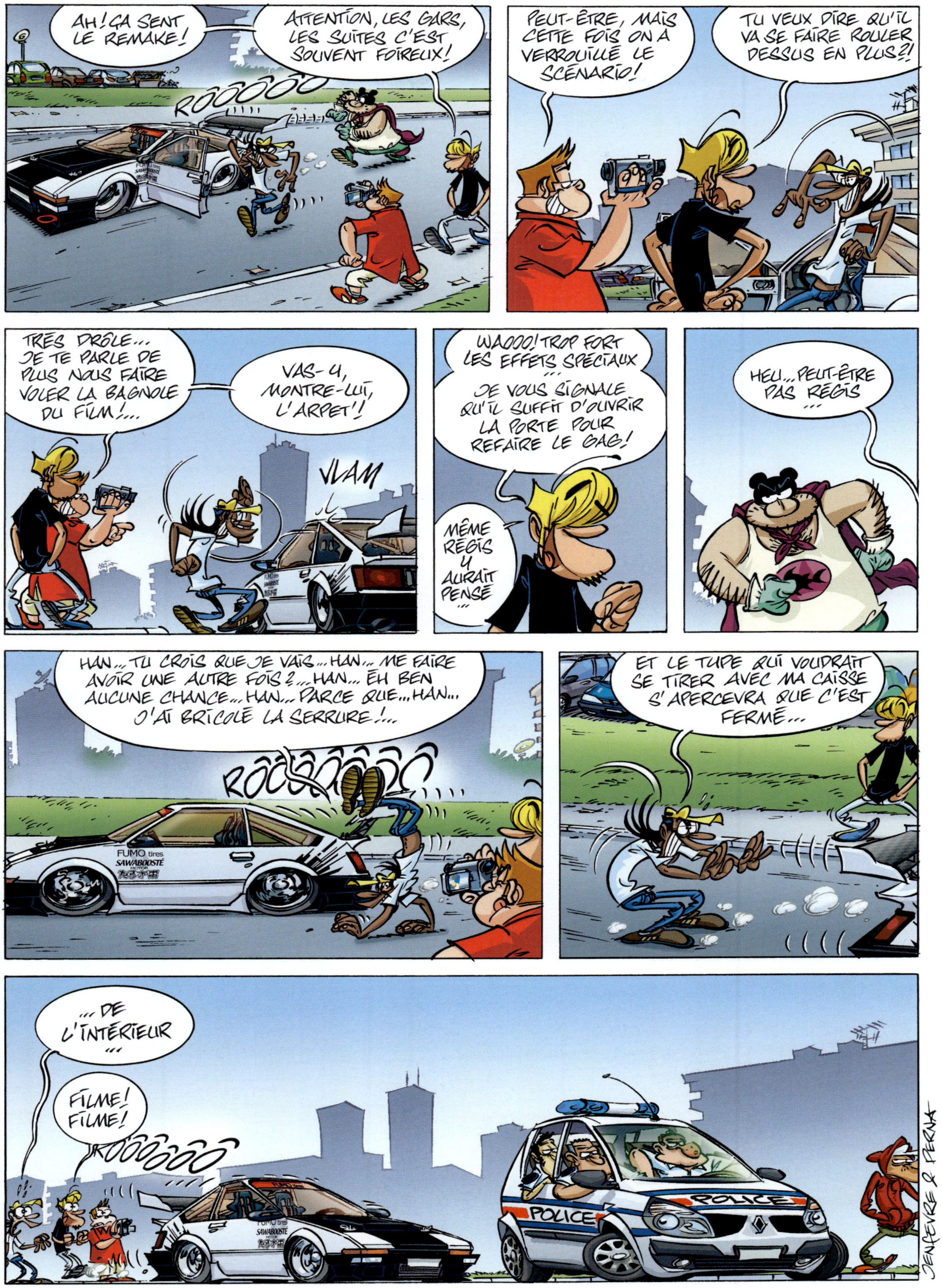

AH ! ÇA SENT LE REMAKE !
ATTENTION, LES GARS, LES SUITES C'EST SOUVENT FOIREUX !
ROOOOOO
PEUT-ÊTRE, MAIS CETTE FOIS ON A VERROUILLÉ LE SCÉNARIO !
TU VEUX DIRE QU'IL VA SE FAIRE ROULER DESSUS EN PLUS ?!
TRÈS DRÔLE... JE TE PARLE DE PLUS NOUS FAIRE VOLER LA BAGNOLE DU FILM !...
VAS-Y, MONTRE-LUI, L'ARPET !
VLAM
WAOOO ! TROP FORT LES EFFETS SPÉCIAUX ...
JE VOUS SIGNALE QU'IL SUFFIT D'OUVRIR LA PORTE POUR REFAIRE LE GAG !
MÊME RÉGIS Y AURAIT PENSÉ ...
HEU... PEUT-ÊTRE PAS RÉGIS ...
HAN... TU CROIS QUE JE VAIS... HAN... ME FAIRE AVOIR UNE AUTRE FOIS ?... HAN... EH BEN AUCUNE CHANCE... HAN... PARCE QUE... HAN... J'AI BRICOLÉ LA SERRURE !...
ROOOOOOO
FUMO tires SAWABOOSTÉ MOTOR
ET LE TYPE QUI VOUDRAIT SE TIRER AVEC MA CAISSE S'APERCEVRA QUE C'EST FERMÉ...
... DE L'INTÉRIEUR ...
FILME ! FILME !
ROOOOOOO
POLICE
POLICE
JENFÈVRE & PERNA

FASHION
magazine
TFUM
FBDA
TFUM
TFUM
FBDA
ÇA VA PAS, Y A ENCORE TROP DE SOUFFLE SUR LES BASSES TU TROUVES PAS ?...
WAOOO ! COMMENT ÇA DÉCHIRE ! J'ADORE !!

RÔÔÔÔÔOP RÔÔÔOP
T'ES PRÊT ?
ARRÊTE TES CONNERIES, ROD... C'EST DÉBILE COMME JEU !...
RÔÔÔÔÔÔÔÔÔÔÔÔ
UN JEU ? TU JOKES OU QUOI ? C'EST UNE TECHNIQUE INVENTÉE PAR ARI VATANEN LUI-MÊME !
J'M'EN BALANCE DE TON MONITEUR D'AUTO-ÉCOLE... JE DIS JUSTE QUE C'EST SUICIDAIRE !
T'EN FAIS PAS, JE NE VOIS RIEN MAIS J'ENTENDS TOUT... ALLEZ, C'EST PARTI !
VROO
VROO CLAC VROO
ON VA TOUS MOURIR !!
SOIS PAS PESSIMISTE, C'EST JUSTE TOI QUI EST À LA PLACE DU MORT...
ALLEZ, DÉTENDS-TOI, JE CONNAIS LA ROUTE PAR COEUR ...
RÔÔ
OUI MAIS CEUX D'EN FACE, ILS NE LE SAVENT PAS !
RALLUME TES PHARES, ROD !
VROOO
Y'A PAS DE RISQUES J'TE DIS, J'AI DES YEUX DE CHAT ET PUIS C'EST HYPER BON POUR MES RÉFLEXES...
HEU... EN PARLANT DE CHAT... J'AI OUBLIÉ DE NOURRIR MON RAT... TU VEUX BIEN ME DÉPOSER LÀ ?
ZOOOOC
HA HA HA ! T'ES VRAIMENT UN GROS TROUILLARD TOI !...
HÉÉÉ BEN, REGARDE LA ROUTE AU LIEU DE DISCUTER !... JE VEUX DIRE : ÉCOUTE LA ROUTE !
ZOOC
TIENS, J'AIMERAIS TROP VOIR TA TRONCHE LÀ...
FLASH
BEN VOILÀ, T'ES EXAUCÉ...
ON PEUT RENTRER MAINTENANT ?
JENFÈVRE & PERNA

SALUT L'ARPET, ÇA WATT ?... HOULA ! C'EST QUOI, CET ENGIN ? TU T'ES MITRAILLÉ DANS LA NOTICE DE MONTAGE ?
DINGUE ! UNE CAISSE SPÉCIALE TÊTE-À-QUEUE !
C'EST UN HYBRIDE DE MON INVENTION ! JE L'AI BAPTISÉ L'"ASTRA GSI-AMOIS" ...
RÔÔÔ LE JEU DE MOT LAID ! ON DIRAIT DU ROD !
AH OUAIS... ASTRA GSI À TOI... C'EST PÔ BÊTE...
ELLE APPARTIENT À 2 JUMEAUX... TOUT EST DOUBLÉ, COMME ÇA PAS DE DISPUTES POUR LA PARTAGER !
REMARQUE T'AS RAISON C'EST DOUBLEMENT MOCHE ...
HEU... MAIS COMMENT Y FONT POUR SE GARER EN MARCHE ARRIÈRE ?
EN ATTENDANT, CETTE MACHINE DÉVELOPPE LA BAGATELLE DE 800 CHEVAUX !
MOUAIS... FINALEMENT, J'HÉSITE ENTRE AFFREUX ET ABOMINABLE ...
HEU... ABOMIFFREUX ?...
ÉCOUTE-MOI CETTE MÉLODIE EN CANON !
OH ! Y'A DE L'ÉCHO ! COMME DANS LA TÊTE DE RÉGIS !
BROOOOBROOO
BAH... COMMENT TU SAIS ? T'ES TÉLÉGRAPHE ? HEU... PATHE ?
NORMAL ! J'AI MONTÉ 2 MOTEURS ! 1 À L'AVANT, L'AUTRE À L'ARRIÈRE...
'FAUT RECONNAÎTRE, ÇA DOIT DÉCHIRER GRAVE !...
J'AI PAS ENCORE TESTÉ MAIS À MON AVIS, ÇA DÉCHIRE PAS : ÇA ARRACHE ! ALLEZ RECULEZ, JE FAIS UN PETIT BURN POUR VOIR ...
BROO
SCRATCH
HONNÊTEMENT, JE SUIS PAS CONVAINCU QUE ÇA AILLE DANS LE BON SENS...
AH ! C'EST POUR ÇA LES 2 VOLANTS !
JENFÈVRE & PERNA

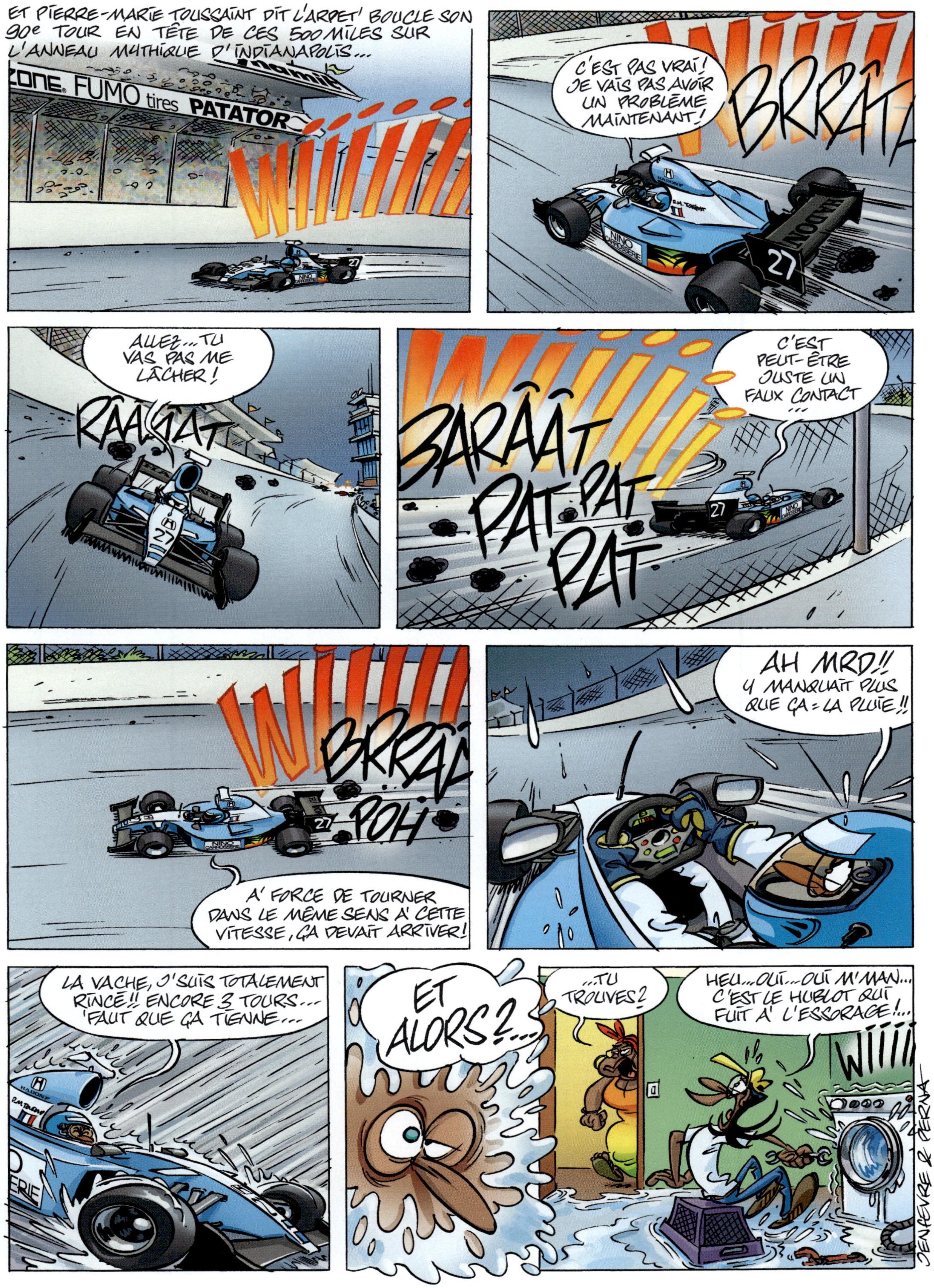
ET PIERRE-MARIE TOUSSAINT DIT L'ARPET' BOUCLE SON 90e TOUR EN TÊTE DE CES 500 MILES SUR L'ANNEAU MYTHIQUE D'INDIANAPOLIS...
FUMO tires PATATOR
C'EST PAS VRAI! JE VAIS PAS AVOIR UN PROBLÈME MAINTENANT!
BRRÂT
ALLEZ... TU VAS PAS ME LÂCHER!
RAAÂAT
C'EST PEUT-ÊTRE JUSTE UN FAUX CONTACT ...
BARÂÂT
PAT PAT
PAT
BRRÂÂ
POH
A' FORCE DE TOURNER DANS LE MÊME SENS A' CETTE VITESSE, ÇA DEVAIT ARRIVER!
AH MRD!! Y MANQUAIT PLUS QUE ÇA : LA PLUIE!!
LA VACHE, J'SUIS TOTALEMENT RINCÉ!! ENCORE 3 TOURS... 'FAUT QUE ÇA TIENNE...
ET ALORS?...
...TU TROUVES?
HEU... OUI... OUI M'MAN... C'EST LE HUBLOT QUI FUIT A' L'ESSORAGE!...
JENFÈVRE & PERNA

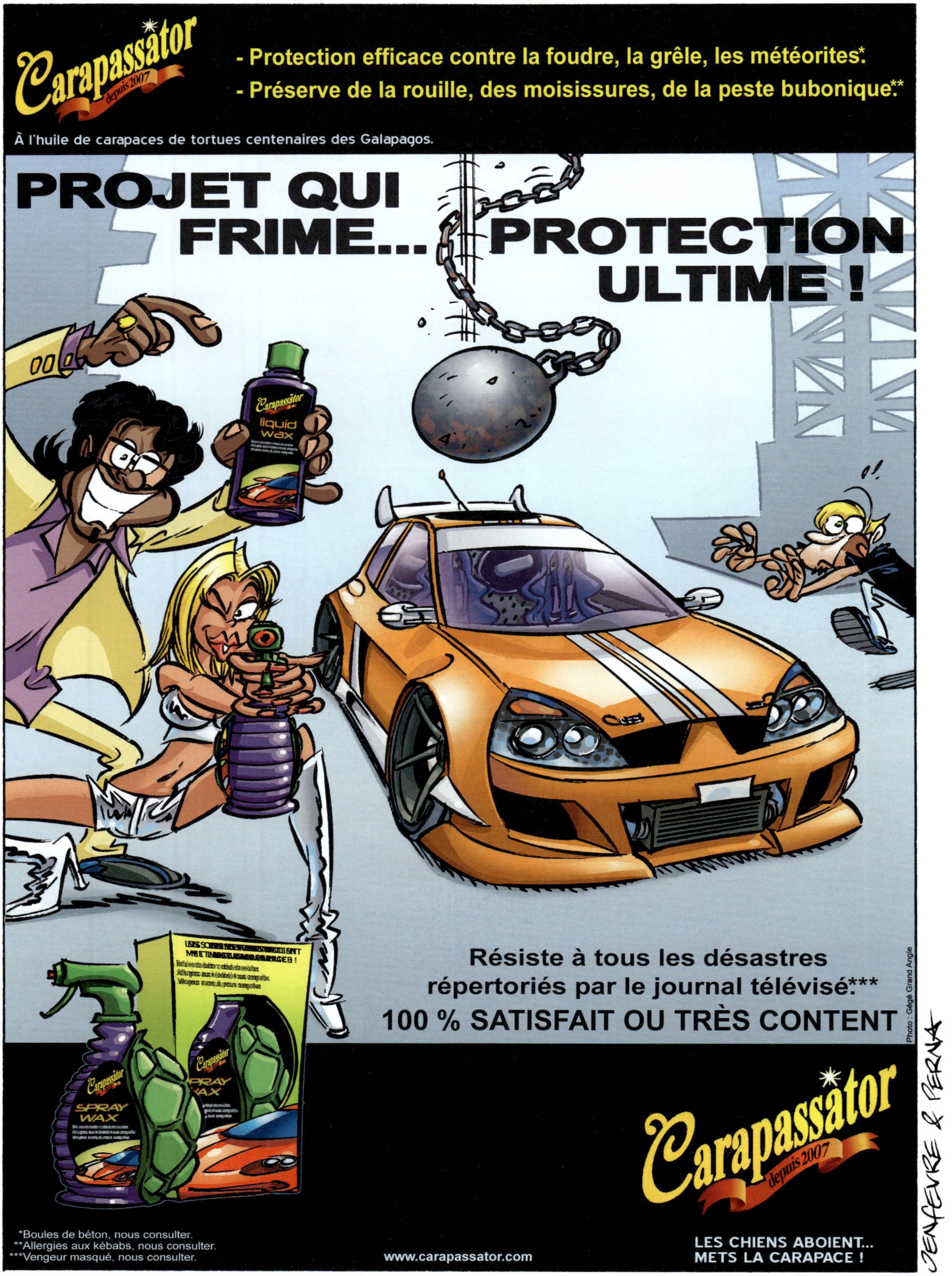

Carapassator depuis 2007
- Protection efficace contre la foudre, la grêle, les météorites*.
- Préserve de la rouille, des moisissures, de la peste bubonique**.
À l'huile de carapaces de tortues centenaires des Galapagos.
PROJET QUI FRIME... PROTECTION ULTIME !
Carapassator liquid wax
Résiste à tous les désastres répertoriés par le journal télévisé***
100 % SATISFAIT OU TRÈS CONTENT
Photo : Gégé Grand Angle
Carapassator SPRAY WAX
Carapassator depuis 2007
*Boules de béton, nous consulter.
**Allergies aux kébabs, nous consulter.
***Vengeur masqué, nous consulter.
www.carapassator.com
LES CHIENS ABOIENT... METS LA CARAPACE !
JENFEVRE & PERNA

LES NOUVELLES CAISSES !

LA TOYOTA COROLLA DE L'ARPET'

C'est sur une base de Toyota Corolla AE 86 plus connue au Japon sous le nom de «Hachiroku» et en banlieue sous celui de «Céquoi 7 Dob», que l'Arpèt' a préparé sa Drift machine. Vu sa propension à finir sur le toit, l'essentiel du travail porte sur l'arceau ultra renforcé. On notera au passage les magnifiques jantes Pro Tono 2 réalisées sur mesure, ainsi que le volant sport *Gogo*. Bien sûr pour valider ses exploits, Pierre Marie Toussaint « le bourrin Antillais » a installé une Drift Box spéciale, capable de compter précisément le nombre de tonneaux réalisés.

LA CLIO DE ROD

Fidèle aux petites Françaises, Rod n'a pas lésiné sur le boulot pour son nouveau projet. Sur la base d'une *Renault Clio*, il installe un Kit Carrosserie *Nino Concept* et des jantes sport en Plutonium, plus léger encore que le magnésium mais « légèrement » plus radioactif. Féru de gros son qui débouche les canalisations, son instal' Otitator de chez *Pet Tympan* crache la bagatelle de 11 200 watts. Enfin, pour ceux qui conserveraient quelques millièmes d'audition après son passage, la « deuxième lame » rase le tympan grâce à un embout d'échappement *Patator* répertorié comme arme de destruction massive dans un récent rapport de l'ONU.

L'AUDI A4 CAB DE RED

Achetée sur Internet en pièce détachée, l'Audi de Rod n'est pas encore tout à fait roulante... Lorsqu'il aura retrouvé les pièces égarées par Régis, il pourra néanmoins compter sur une superbe machine digne de cruiser sur Hollywood Boulevard. Sur la base d'une Audi A4 cabriolet Red a greffé des jantes DOB en 20 pouces non sans avoir auparavant abaissé la caisse grâce à un kit suspension KITRAINE. Une nouvelle sellerie en Varan retourné, toujours de chez *Lapeau & Ducul*, apporte une note de luxe dans cet univers de sobriété.